AF534481

Nicky Szápáry

Flinte

Österreichischer Jagd- und Fischerei-Verlag

Nicky Szápáry

Flinte

Österreichischer Jagd- und Fischerei-Verlag

Mag. Nikolaus Szápáry, Jahrgang 1959,
ist Forstwirt und lebt in Dobersberg, Niederösterreich,
und in Vero Beach, Florida, USA.
An beiden Orten betreibt er Schießschulen.
Er ist Sportwissenschafter, staatlich geprüfter Trainer,
Olympiateilnehmer 1980 und 1984 in Skeet.
Als Schießlehrer hat er mittlerweile mehr als
drei Jahrzehnte Erfahrung.

2. Auflage

Alle Fotos (bis auf die nachstehend ausgewiesenen): Markus Zeiler;
K. Schneider (Seite 17), Ing. M. Grasberger (Fotomontage S. 21),
M. Breuer (S. 23), M. Danegger (S. 90), E. Marek (S. 117),
Dr. F. Hirsch (S. 121), A. Schrotter (S. 129)

Konzeption & Lektorat: Paul Herberstein

Layout & Last Word & L-Producing: Michael Sternath
Issan ojok deys. Issac oledang rey.
Issab eat rice ont heway?

Vertriebsleitung: Hermann Striednig

Verlagsassistenz und Sekretariat: Angela Pleyel

Repro: Blaupapier, Wien

Herstellung: Druckerei Theiss, Sankt Stefan im Lavanttal

ISBN 978-3-85208-141-0

Vorwort

Welcher Jäger kennt die Situation nicht: Ein Fasanhahn streicht von Weitem sichtbar an. Man hat alle Zeit dieser Welt, um alles richtig zu machen, konzentriert sich auf einen sauberen Anschlag und genügend Vorhalt, aber trotz scheinbar präzise angetragener Schüsse fällt der Fasan nicht. Dann wiederum erscheint ein Fasan plötzlich und unverhofft, man hat keine Zeit zum Überlegen, der Schaft findet wie von selbst zur Wange, und fast gleichzeitig bricht der Schuss. Und – oh Wunder – der Vogel fällt getroffen zu Boden. Es ist einfach passiert! Auch auf dem Wurfscheibenstand ist es nicht anders. Beim allerersten Versuch, ohne jemals mit einer Flinte geschossen zu haben, gelingen oft die unglaublichsten Treffer. Man weiß nicht wie, aber es klappt ganz einfach! Doch schon die nächsten Schießstand-Besuche bringen die Ernüchterung: Trotz Konzentration und Bemühens trifft man unerklärlicherweise nicht mehr so gut.

Diese Erfahrungen klingen eigentlich widersinnig. Normalerweise gelingt doch eine Tätigkeit besser, wenn man sich Zeit nimmt und versucht, etwas besonders genau zu tun. Was folgt, sind Verunsicherung und vor allem Fragen über Fragen. Und mindestens genauso viele gut gemeinte Ratschläge. *„Mehr vorhalten!", „Besser mitschwingen!", „Überholen nicht vergessen!"* Doch wem oder was soll man Glauben schenken?

Der Weg zum verlässlichen Schrotschützen ist im Normalfall mit vielen Frustrationen, Irrwegen und sehr viel Aufwand verbunden. Ohne entsprechende Unterweisung und entsprechendes Wissen verfeuert man jede Menge an Munition und entwickelt sein eigenes, auf lange Sicht meist erfolgloses Strickmuster. Dabei wäre das Flintenschießen, wie jede andere Bewegungsaufgabe, sehr einfach, wenn man es nur Schritt für Schritt erlernte.

Die Unterweisung im Flintenschießen steckt in unseren Breiten – anders als etwa in Großbritannien oder in den USA – noch in den Kinderschuhen. Durch meine Tätigkeit als Schießlehrer in Österreich und den USA kenne ich allerdings seit Jahrzehnten die Probleme, mit denen Flintenschützen zu kämpfen haben. Ich habe mich daher entschlossen, aus meinen Erfahrungen heraus ein Buch zu schreiben. Ein Buch, das nicht nur grundsätzliche Anleitungen geben soll, sondern vor allem auf eines abzielt: Es will leicht nachvollziehbare Grundregeln und Hilfestellungen geben – aus der Praxis für die Praxis!

Dobersberg, im Januar 2016 *Nicky Szápáry*

INHALT

Anhang

1

Die Flinte

Einst und heute

In den vergangenen hundert Jahren hat sich die Technologie der Flinte nicht wesentlich verändert oder verbessert. Eine schöne Purdey, Lang, Holland & Holland oder auch Springer aus den Anfängen des vergangenen Jahrhunderts kann es technologisch mit jeder Flinte neuerer Bauart aufnehmen. Im Gegenteil, der etwas weichere und dadurch flexiblere Laufstahl dieser alten Flinten vermittelt einem den Eindruck, als würde die Garbe aus dem Lauf „hinauspulsiert“. Der vergleichsweise harte Laufstahl der modernen Flinten lässt diese Elastizität vermissen, wenn man einmal Gefallen an der alten Bauart gefunden hat.

Die Wirkung der Schrotgarbe als Zusammenspiel von Patrone und Lauf ist und bleibt aber immer noch ein großes Experimentierfeld. Auch hier scheint der elastischere Laufstahl die Garbe gleichmäßiger zu werfen, als es die modernen Läufe imstande sind, auch wenn dies fast unglaubwürdig klingen mag. Zusätzlich geht eine Erhöhung der Ladung der Patrone nicht automatisch mit einer höheren Trefferwahrscheinlichkeit einher. In der Praxis macht man vielmehr immer wieder die Erfahrung, dass sogar bauartgleiche Läufe mit der gleichen Patrone unterschiedliche Wirkung erzielen und umgekehrt ein Lauf mit einer Patrone wunderschöne Trefferbilder auf der Scheibe erzeugt, mit einer anderen aber sehen sie lückenhaft und zerrissen aus. Um wirklich die optimale Patrone für einen bestimmten Lauf zu finden, gibt es daher eigentlich nur eines: testen und ausprobieren, nach dem Motto „Versuch und Irrtum“.

Blei oder Stahl?

Eine oft heiß diskutierte technologische Frage betrifft die Munition, genauer gesagt die Ladung. Meine Meinung dazu ist sehr klar: Hätten wir nicht die langjährigen guten Erfahrungen mit Bleischrot gemacht, so würden wir heute sicher besser mit dem „modernen“ Stahlschrot leben können. Doch im direkten Vergleich fällt das Urteil ziemlich eindeutig aus: für den Bleischrot.

Die größten Nachteile des Stahlschrots zeigen sich vor allem im jagdlichen Einsatz: Das geringere spezifische Gewicht verringert die Durchschlagskraft – speziell auf größere Distanzen. Das macht sich leider oftmals auch an mehr „angestahltem“ Wild bemerkbar. Darüber hinaus ist auch die Gellergefahr bei Stahlschrot höher als bei Bleischrot. Außerdem bringt die Härte des Materials im Vergleich zum Blei eine stärkere Belastung für die Flintenläufe mit sich, wobei allerdings entsprechende Becherpfropfen diesem Nachteil entgegenwirken können.

In meinen Augen gibt es auch aus Umweltschutz-Gründen nur wenige bis keine logisch nachvollziehbaren Erklärungen, warum man Stahlschrot dem üblichen Bleischrot vorziehen sollte. Das Blei, das in Form kleiner Kügelchen auf dem Boden landet, kapselt sich nämlich mit einem Oxydmantel ab und ist damit unbedenklicher, als man meist annimmt. Zahlreiche Untersuchungen auf stark frequentierten Schießplätzen haben gezeigt, dass die dort in großen Mengen lagernden Bleirückstände keine Beeinträchtigung der Boden- und Grundwasserqualität ergeben haben. Blei in fester Form scheint allerdings vom Gesetzgeber mit dem weitaus giftigeren und daher viel schädlicheren Blei in gasförmigem Zustand – etwa als Autoabgase – gleichgesetzt worden zu sein.

Die Alternativen zu Blei- und Stahlladungen, etwa Molybdän oder Wolfram, sind extrem teuer und werden sich aus heutiger Sicht schon allein deshalb in Zukunft nicht durchsetzen können.

Siehe auch „Stahlschrot: Merkblatt und Checkliste“ S. 156/157!

Kleine Flintenkunde

Die Bockflinte ist die heute gebräuchlichste Flinte, im englischen Sprachgebrauch „over and under" genannt. Auch die Querflinte, als „side by side" bezeichnet, ist noch recht verbreitet. Einläufige einschüssige Flinten sieht man eher selten, da sie heute von den kaum teureren doppelläufigen Flinten abgelöst worden sind. Die Verbreitung und den Gebrauch von einläufigen mehrschüssigen Flinten – Halbautomaten und Vorderschaftrepetierflinten – hat das Waffengesetz in den letzten Jahren stark eingeschränkt, obwohl beide Flintentypen sowohl für das jagdliche wie auch für das sportliche Schießen gut zu gebrauchen sind und sich vor allem in den Vereinigten Staaten recht großer Beliebtheit erfreuen.

In Bezug auf das Kaliber hat das sportliche Schießen dem Kaliber 12 zum Durchbruch verholfen, das in der Vergangenheit zeitweise im Schatten der kleineren Kaliber gestanden ist. Von den kleineren Kalibern ist das Kaliber 20 noch recht verbreitet, Flinten im Kaliber 16 trifft man hingegen nur mehr vereinzelt an. Die noch kleineren Kaliber 28 und 36 (.410) sind hierzulande kaum zu finden, werden in Nordamerika allerdings noch viel verwendet. Flinten und Munition im Kaliber 10 können ebenso vor allem in Nordamerika noch angetroffen werden, solche im Kaliber 8 sind heute ausgesprochene Raritäten.

Zum besseren Verständnis möchte ich kurz erläutern, wie die Flintenkaliber-Bezeichnungen überhaupt zustande kommen. Ganz einsichtig ist es ja nicht, dass etwa das Kaliber 12 einen größeren Durchmesser bezeichnet als das Kaliber 16. Die Lösung ist jedoch sehr einfach: Man nehme ein Pfund Blei und gieße es in 12 gleich große Kugeln. Der Kugeldurchmesser ist der Durchmesser des Kaliber 12. Bei Kaliber 20 ergibt diese Vorgangsweise dann exakt 20 Bleikugeln desselben Durchmessers.

Die Würgebohrung („Choke“)

Eine Verengung des Durchmessers im Bereich der letzten 10 bis 15 Zentimeter des Laufes bietet die Möglichkeit, die Schrotgarbe in ihrer Breiten- und Längsentwicklung nach Verlassen des Laufes zu beeinflussen. Viele der modernen Flinten haben auswechselbare Chokes, sogenannte „Mobil-Chokes“. Diese ermöglichen ein einfaches Wechseln der Bohrung, um das Schussbild an die Situation anpassen zu können. Exakte Millimeter-Angaben der einzelnen üblichen Würgebohrungen (¼-, ½-, ¾-, Full Choke) sind im Abschnitt „Wörterbuch“ zu finden.

Das Zusammenspiel von Bohrung und Schrotgröße

Für die gewünschte Wirkung der Flinte als Jagdwaffe ist ausschlaggebend, dass viele Schrotkugeln gleichzeitig auf dem Wildkörper auftreffen und dadurch einen Schock auslösen. Es ist nicht Aufgabe der einzelnen Schrotkugel, wie ein Büchsenprojektil weit in den Wildkörper einzudringen, um dort eine mehr oder weniger tödliche Verletzung hervorzurufen. Der Schocktod tritt auch dann ein, wenn die Kugeln lediglich die Haut durchdringen, sofern die Anzahl der auftreffenden Schrote ausreichend für eine entsprechende Schockwirkung ist. Abhängig von der Wildart reicht es bereits, wenn nur einige wenige Schrotkörner auftreffen, wie etwa bei der Waldschnepfe. Andere Wildarten sind hingegen härter, wie Tauben, Fasane oder Enten. Der saubere Schrotschuss ist in jedem Fall derjenige, der schon in der Luft den Schocktod bringt. Die Ente „klappt den Stingel nach hinten“, und der Fasan „packt im Schuss zusammen“. Diese Bilder entstehen durch das gleichzeitige Auftreffen vieler Schrote, weniger aber durch das tiefe Eindringen einzelner. Im Allgemeinen wird hierzulande oft zu grobes Schrot und – um trotzdem eine entsprechende Deckung zu erreichen – zu viel Choke, das heißt eine zu enge Bohrung verwendet. Als Konsequenz wird so manches Wild von nur einzelnen Schrotkörnern getroffen, die aber tief eindringen, ohne einen Schock auszulösen. Ohne ausgezeichnete Hundearbeit kommt auf diese Weise angeschossenes Wild oft nicht zur Strecke, verendet aber später an den Folgen der Verletzung.

In unseren Breiten und für unsere Hauptwildarten ist man mit Patronen mit 3 Millimeter Schrotdurchmesser und 32 Gramm Schrotgewicht nahezu immer gut ausgerüstet. Bei einer Hasenjagd mit eventuell vorkommendem Flugwild kann man aus einer enger schießenden Flinte auch noch 3,5 Millimeter als Obergrenze akzeptieren. Für reines Flugwild reicht auch 2,7 Millimeter Schrotdurchmesser, da die höhere Anzahl von Schroten hier für noch bessere Deckung sorgt. Inzwischen haben eingehende Experimente auch bewiesen, dass für Bleischrote bis 3 Millimeter in den meisten Fällen der ¼-Choke das Verhältnis von Streuung und Deckung optimiert. Für Schussentfernungen bis zu 25 Meter kann man durchaus auch eine Zylinderbohrung verwenden. Mit einer – zumeist zylindrisch gebohrten – Skeet-Flinte ist man für normale Jagdsituationen sehr gut ausgerüstet. Das haben meine eigenen und auch Versuche anderer bestätigt. Die einfallende Ente, der an- oder abstreichende Fasan, der Hase, wenn er nicht weiter als 30 Meter entfernt ist, all dies kann mit einer Skeet-Flinte und einer Schrotgröße zwischen 2,4 Millimeter (für die Enten im September) und 3 Millimeter (für die Winterjagd) sehr wildbretschonend und sicher zur Strecke gebracht werden. Interessant ist jedoch, dass gegenüber dem ¼-Choke bei einem ½- oder ¾-Choke die Garbe nicht linear verengt wird. Der größte Sprung liegt zwischen Zylinder und ¼-Choke, danach flacht sich die Kurve stark ab. Will man optimieren, führt kein Weg an „Versuch und Irrtum“ vorbei, also am schrittweisen Heraustesten des idealen Chokes. Dabei muss der jeweilige Lauf mit den verschiedenen Patronen beschossen werden, wobei ein Durchschnitt von jeweils mindestens zehn Schüssen auszuwerten ist.

Die Flinte für das Wurfscheibenschießen

Die soeben beschriebene Schockwirkung steht beim Wurfscheibenschießen nicht so sehr im Vordergrund, die Kleinheit der Wurfscheibe ist jedoch ein wichtiger Faktor, vor allem bei weit entfernten Zielen. Abhängig von der Disziplin und der jeweiligen Situation werden Bohrungen von Zylinder bis Full Choke verwendet. Weiters wird beim Wurfscheibenschießen auch gerne mit Entlastungsbohrungen und mit Spezialchokes experimentiert, die den Rückstoß verringern und die Schrotgarbe verlängern sollen.

Die englische Flugwildflinte

Die traditionelle englische Flinte besitzt vergleichsweise offen gebohrte Läufe, oftmals in der Größenordnung eines ¼-Chokes. Dies ist im ersten Augenblick erstaunlich, wird die englische Flugwildflinte doch speziell für hoch fliegendes, getriebenes Wild gebaut, eine Jagdart, die dort bereits seit zumindest einem Jahrhundert praktiziert wird. Es stellt sich heraus, dass diese eher offene Bohrung mit der üblicherweise verwendeten Schrotgröße Nr. 6 (2,7 Millimeter) für den „normalen" Stichfasan bis zu einer Höhe von 25 bis 30 Meter durchaus ausreichend ist. Offenbar hat man in den vergangenen hundert Jahren die Erfahrung gemacht, dass eine solche Kombination für diese Jagdart optimal ist. Heutzutage scheint der Ehrgeiz so mancher englischer Jagdherren jedoch darin zu liegen, den Jagdgästen immer höhere Fasane zu präsentieren. Zum Teil sind die Vögel zu hoch, um sie mit „konventioneller Ausrüstung" erlegen zu können. Deshalb sieht man nun auch im so traditionellen England mehr und mehr „moderne" Bockflinten mit eng gebohrten Läufen und Patronen mit stärkerer Ladung.

Die Physik hat ihre Gesetze, und wenn man auf größere Entfernung entsprechende Energie zum Wirken bringen möchte,

Ein klassisches Bild für den Flugwildjäger: der streichende Fasan.

muss man ordentlich „dahinterpacken“. Nicht nur deshalb sieht man in dem so traditionellen England, wo früher alles außer der klassischen Querflinte verpönt war, heute immer öfter auch Bockflinten. Inzwischen erzeugen selbst große britische Traditionsfirmen wunderschöne Bockflinten und vermarkten diese mit viel Aufwand und Erfolg.

Welche Aufgabe hat der Schaft?

Die Aufgabe des Flintenschaftes ist es, das Auge des Schützen in der immer gleichen Position zum Lauf zu fixieren. Gleichzeitig ist der Schaft eine Verlängerung des Laufes in die Schulter, um die Flinte dort abzustützen. Die Position des Schützen im Anschlag soll dabei möglichst entspannt sein.

Der Standardschaft

Für einen ungeübten Schützen oder Anfänger ist es allein deshalb schwierig, eine passende Flinte zu finden, da sein Anschlag noch nicht ausgebildet ist. In diesem Fall ist es das Sinnvollste, sich in einem gut sortierten Fachgeschäft mit den üblichen Standardflinten der diversen Hersteller zu befassen und sich beraten zu lassen. Die meisten Hersteller bauen Flinten für die verschiedenen Verwendungsbereiche. Ein Modell „Jagd“ oder „Sporting“, oder auch ein Modell „Skeet“ ist von der Treffpunktlage für den allgemeinen jagdlichen und sportlichen Gebrauch sehr passend. Nicht empfehlenswert ist ein Modell „Trap“ oder „Spezial Trap“, da deren Schäfte zu sehr auf diese Disziplin ausgerichtet sind und im Regelfall zuviel Hochschuss erzeugen.

Die meisten in großen Serien für eine „Durchschnittsfigur“ hergestellten Standardschäfte sind allerdings ausgezeichnet, unterscheiden sich nur geringfügig voneinander und können jedenfalls einmal die Grundlage darstellen. Für im Durchschnitt kleinwüchsige Damen muss man jedoch mit der Länge der

Schäfte experimentieren, da die Standardschäfte auf den durchschnittlich 178 Zentimeter großen Mann ausgerichtet sind. Auch für den Umsteiger von einer „geerbten“ Flinte macht es Sinn, sich mit einem Standardschaft anzufreunden, auch wenn er vorerst nicht für ihn passend scheint. Letztlich ist auch er sicher besser beraten, sich zunächst mit einem solchen anzufreunden, als sich gleich zu Beginn einen Maßschaft anpassen zu lassen. Falls notwendig, kann man ja ohnehin immer geringfügige Änderungen bezüglich der Länge vornehmen, manchmal ist es auch erforderlich, die Höhe oder auch die Schränkung anzupassen.

Zur Länge des Schaftes ist prinzipiell zu sagen, dass der Schaft lieber etwas zu kurz als zu lang sein sollte. Ein zu langer Schaft ist während der Anschlagbewegung hinderlich, da die Flinte zu viel vom Körper weg nach vorne geschoben werden muss, um überhaupt zum Gesicht zu gelangen. Auch im Anschlag ist ein zu langer Schaft unvorteilhaft, da er keine entspannte Körperhaltung ermöglicht. Eine Reihe von Fabrikaten bietet bei ihren Sportflinten heute bereits Schäfte mit verstellbarem Schaftrücken an. Dies ist die Reaktion auf die Tatsache, dass erst die individuelle Gesichtsform im Zusammenspiel mit dem Schaft die entsprechende Treffpunktlage erzeugt. Mit diesen Schäften kann man den Schaft optimal feineinstellen. Der Nachteil ist eine leichte Gewichtserhöhung, und – auch das sei hier erwähnt – so mancher Flintenschütze wird bei solchen „Funktionsschäften“ auch die Ästhetik eines normalen Holzschaftes vermissen.

Der Maßschaft

Auch wenn es brutal klingt: Oft verhindert ein mit viel Liebe und Geschick gefertigter Maßschaft eine Verbesserung der Trefferleistung, da er Haltungs- und Bewegungsfehler gleichsam „einzementiert“. Ich spreche keinem Schäfter sein handwerkliches Können ab, aber Aufgabe des Schaftes sollte es sein, die natürlichste und somit beste und entspannteste Haltung und Bewegung zu ermöglichen. Es ist aber nicht Aufgabe des Schaftes, in die Haltungs- und Anschlagfehler des Schützen „hineingeschäftet“ zu werden. Genau dies passiert jedoch recht häufig, entweder gewollt oder ungewollt.

Wenn man sich die Mühe machte – und die Kosten nicht scheute – drei verschiedene Schäfter zu bitten, einen Schaft für ein und dieselbe Person anzumessen, man würde staunen: Jede Wette, dass man drei recht unterschiedliche Ergebnisse in seinen Händen hielte.

Die Methoden, um zu seinem „Idealschaft“ zu gelangen, sind unterschiedlich. Von seriösen Schäftern wird oft eine sogenannte „Probierflinte“ verwendet, deren Schaft in vielen Ebenen anpassbar ist. Ohne den ausgesprochenen Auftrag, den Schaft nach objektiven Gesichtspunkten für den jeweiligen Körperbau perfekt zu machen, wird er sehr oft nur für das subjektive Wohlbefinden des Kunden gebaut. Er wird also – wie bereits erwähnt – in den Haltungs- und Anschlagfehler „hineingeschäftet“. Die Aufgabe des Schäfters sollte daher darin liegen, den Schützen zu beraten, welche Möglichkeiten es gibt. Er ist nicht nur ein Schneider, der den Anzug der individuellen Figur und Haltung anpasst, er sollte den Kunden auch auf gewisse Dinge aufmerksam machen und ihm Tipps geben, wie die Haltung verbessert werden könnte.

Ausgangspunkt sollte daher immer der Standardschaft sein, selbst wenn sich dieser anfangs ungewohnt anfühlen sollte. Individuelle Korrekturen können danach in kleinen Schritten vorgenommen werden, ohne zu sehr von der Norm, der neutralen Ausgangssituation, abzuweichen. Man ist also in jedem Falle besser beraten, sich zunächst an einen Standardschaft anzupassen und mit diesem als Richtschnur umzugehen lernen. Dadurch wird die Haltung normalisiert, was sich immer auch positiv auf die Trefferleistung auswirkt.

Der eingebaute Hochschuss

Ein guter Schaft fixiert das Auge des Schützen parallel zur Laufachse, aber in einem gewissen Abstand darüber. Schlägt man die Flinte richtig an, so sieht man die Laufschiene in ihrer ganzen Länge. An der Laufwurzel kann man nun sogar einen Bleistift quer – unter Umständen sogar einen etwas dickeren Stift – auf die Laufschiene legen, ohne das Korn an der Mündung zu verdecken. Im Spiegelbild erkennt der Schütze, dass seine ganze Pupille über der Ebene der Laufschiene liegt. Die Folge davon ist, dass der Mittelpunkt der Garbe nicht auf Höhe des Laufkornes, sondern entsprechend darüber liegt. Man kann sich die Garbe bildlich auch als einen Basketball vorstellen, der auf der Laufmündung sitzt. Der Schuss der Flinte geht also idealerweise nicht, wohin das Laufkorn zeigt, sondern wohin man schaut, nämlich über den Lauf hinweg auf das Ziel. Die Flinte „zielt" also eigentlich unter das Ziel. Der so erzeugte Hochschuss ist für ein vernünftiges Flintenschießen grundlegend wichtig. Nur mit Hilfe dieses Hochschusses kann man nämlich wirklich intuitive Schüsse machen. Der Schuss geht dorthin, wohin ich blicke, und nicht, wohin ich ziele!

Der eingebaute Hochschuss.

Der Basketball über dem Laufkorn symbolisiert die Schrotgarbe, die höher fliegt, als die Flinte „zielt".

Der Flintenschuss ist kein Präzisionsschuss!

„Der Flintenschuss geht dorthin, wohin ich blicke, und nicht, wohin ich ziele.“ – Genau bei diesem Satz zeigt sich, worauf es beim Schrotschuss auf ein sich bewegendes Ziel im Gegensatz zum Präzisionsschuss ankommt.

Beim Schrotschuss auf ein sich bewegendes Ziel wird nicht gezielt, indem Visierung und Ziel ständig aufeinander abgestimmt werden, sondern alles ist nur auf das eigentliche Ziel ausgerichtet. Genau aus diesem Grund hat die Flinte auch keine Visier-Einrichtung in Form von Kimme und Korn, sondern nur eine im Vergleich „großzügige und ungenaue“ Laufschiene. Sobald ich auf ein mehr oder weniger weit entferntes Ziel blicke, stellt sich meine Augenlinse auf den Schärfebereich „unendlich“ ein. Als Folge davon ist alles im Bereich meiner Laufschiene nunmehr unscharf abgebildet. Bei einem Präzisionsschuss ist es genau umgekehrt, weil hier die Sehschärfe auf die Visier-Einrichtung eingestellt wird. Automatisch sieht man demnach das Ziel unscharf. Dies ist kein Problem, da sich das Ziel beim Präzisionsschuss ja nicht bewegt. Versuche ich jedoch, einen Präzisionsschuss auf ein sich bewegendes Ziel abzugeben, und fühle ich daher die Notwendigkeit, die Visier-Einrichtung scharf zu sehen, gerät das in diesem Moment unscharf abgebildete Ziel außer Kontrolle, da es sich weiterbewegt. Nun versucht in der Folge mein Auge, das Ziel wieder zu erfassen. Automatisch stellt sich die Sehschärfe auf das Ziel ein. Im selben Moment wird aber meine Visierung unscharf, die ich doch zum Zielen scharf sehen wollte! – Das ganze Spielchen beginnt von vorne. Für einen Beobachter mit geübtem Auge wird diese Problematik durch ein ruckartiges Bewegungsmuster erkennbar. Jedes Mal, wenn die Visierung scharf gesehen wird, bleibt der Schütze stehen, da er das Ziel aus den Augen verloren hat. Hat er das erkannt, stellt er wieder auf das Ziel scharf und macht automatisch einen Ruck, um das Ziel mit dem Lauf wieder einzuholen. Dieses Wechselspiel wiederholt sich immer wieder.

In voller Flucht.

Alle Aufmerksamkeit des Flintenschützen gilt dem Hasen.
Der Schuss „passiert" intuitiv.
Wer hier versucht zu zielen, hat schon verloren.

Das Laufkorn

Das Laufkorn – manchmal gibt es in der Mitte des Laufes auch noch ein sogenanntes Hilfskorn – ist in der Praxis oftmals mehr hinderlich, als dass es hilft. Aus diesem Grund nehme ich bei meinen Schulungsflinten das Laufkorn gerne herunter. Man braucht es nämlich nicht. Der einzige Fall, wo es unter Umständen nützlich sein kann, ist, eventuelle Anschlagfehler für den Schützen erkennbar zu machen. Sobald aber der Anschlag einigermaßen verlässlich und korrekt ausgeführt werden kann, sollte man es sich zur Gewohnheit machen, besonders bei Trockenanschlägen immer einen Punkt in der Entfernung anzusehen und niemals die Laufschiene. Sobald man nämlich auf das Laufkorn anstatt auf das Ziel schaut, hat man – wie vorhin beschrieben – das Pferd verkehrt aufgesattelt.

Im Handel werden heute immer wieder sogenannte Leuchtkörner in verschiedensten Größen und in auffallenden Farben angeboten. Aus dem bisher Gesagten ist leicht verständlich, dass diese noch weniger – im wahrsten Sinne des Wortes – „zu übersehen“ sind und daher eher zu Fehlern führen, als diese vermeiden helfen.

Die Lauflänge

Die meisten Jagd- und Sportflinten haben 71 Zentimeter lange Läufe. Ein längerer Lauf ist schwerer und träger, was einen gleichmäßig ruhigen Schwung ermöglicht und ein abruptes Bremsen oder Beschleunigen erschwert. Andererseits ist ein kurzer, leichter Lauf müheloser zu bewegen. Die 71 Zentimeter Standardlänge ist ein guter Kompromiss. In der Praxis zeigt sich, dass die Umstellung von einem schweren auf einen leichten Lauf schwieriger ist als umgekehrt. Ein leichterer Lauf verzeiht aufgrund der geringeren Trägheit weniger Fehler in Bezug auf zu abrupte Bewegungen.

Die Anschaffung einer Flinte

Die „geerbte" Flinte

Oft steht einem für den Anfang nur eine alte Flinte zur Verfügung, die schon eine Karriere in der Familie hinter sich hat. Ein liebgewonnenes Erbstück, erst recht, wenn man sich einmal ein wenig daran gewöhnt hat. Viele der mitteleuropäischen Flinten der ersten Hälfte des vergangenen Jahrhunderts wurden hauptsächlich für die Hasenjagd gebaut, die sich damals in Hochblüte befand. Das Hauptaugenmerk lag daher meist auf einer engen Bohrung der Läufe und auf niedrigen Schäften. Demgegenüber schoss man in Großbritannien „no ground game", sondern nur Flugwild. Englische Flinten erkennt man daher zumeist an ihren offenen Läufen und den höheren Schäften. – Zusätzlich wurden die Schäfte der „geerbten" mitteleuropäischen Flinten, die meist nicht aus Massenfertigung stammen, sehr häufig auch ihrem ursprünglichen Eigentümer angepasst.

Heutzutage ist der Hase allerdings nicht mehr die Hauptwildart in unseren Breiten. Er wurde schon längst von der Ente abgelöst. Heute schießen wir, gleichgültig ob jagdlich oder sportlich, hauptsächlich auf Flugziele. Die alte Familienflinte passt daher vielleicht sogar aus zwei Gründen nicht: Einmal, weil sie ein „Hasentöter" ist, und zweitens, weil sie einem Vorfahren mit einer möglicherweise völlig anderen Figur angepasst worden ist. Sentimentalität sollte daher bei der Entscheidung für eine Flinte nicht entscheidend sein. Sentimentales Erinnerungsstück hin oder her – wichtig ist, dass sie den eigenen körperlichen Voraussetzungen entspricht und für den vorgesehenen Verwendungszweck bestens geeignet ist.

Wie erkenne ich, ob mir eine Flinte passt?

Für einen Schrotschützen mit einer automatisierten und korrekten Anschlagbewegung ist der einfachste Test, ob eine Flinte passt, diese mit geschlossenen Augen anzuschlagen. Nach dem Öffnen der Augen sollte die Laufschiene gerade und mit etwas Hochschuss vor dem Schießauge sein. Nimmt ein geübter Schütze eine fremde Flinte zur Hand, so „fällt ihm diese ins Gesicht“ oder nicht. Das heißt aber nicht automatisch, dass eine Flinte, die ihm beim ersten Eindruck weniger gut zu passen scheint, nicht doch die für ihn richtige ist! Der geübte Schütze mag sich nämlich an eine für ihn eigentlich unpassende Flinte gewöhnt haben. Seine Haltung und sein Anschlag haben sich entsprechend ausgebildet. Es ist daher bei der erstmaligen Probe einer neuen Flinte unumgänglich, vor allem auf eine entspannte und natürliche Körperhaltung zu achten.

Warum muss die Flinte passen?

Wichtig ist, dass das Auge beim Anschlag immer wieder in die gleiche Position zur Laufachse kommt. Dies definiert die Treffpunktlage oder, anders ausgedrückt, den Hochschuss, den der Schaft erzeugt. Abhängig von der Gesichtsform und dem individuellen Abstand, den die Jochbeinunterseite zur Pupille hat, kann dies von einem Schützen zum anderen ziemlich unterschiedlich sein. Das bedeutet, dass ein und derselbe Schaft bei verschiedenen Personen durchaus unterschiedliche Treffpunktlagen hervorrufen kann. Wenn man einmal gewohnt ist, mit einem gewissen Bild zu treffen, ist es enorm schwierig, sich auf eine Flinte einzustellen, die eine andere Treffpunktlage hat. Der altbekannte Satz *„Der Lauf schießt, aber der Schaft trifft“* bringt diese Tatsache wohl am besten auf den Punkt.

Welches Kaliber?

Vorab gilt es, grundsätzliche Fragen zu klären: Wofür wird man die Flinte in erster Linie verwenden? Und: Wer wird die Flinte verwenden? – Gerade die letzte Frage kann die Kaliberwahl ganz entscheidend beeinflussen. Mit dem heute so populären Kaliber 12 ist man gut ausgerüstet, und man findet überall passende Munition. In der jagdlichen Praxis ist man aber damit eindeutig „übermotorisiert“. Das kleinere Kaliber 20 reicht völlig aus. Ich persönlich bin ein großer Verfechter dieses kleineren Kalibers. Nicht nur für Damen, die gerne eine etwas leichtere Flinte führen, sondern auch für Herren, die eine elegante und schlanke Flinte bevorzugen. Die Behauptung, dass man mit Kaliber 20 exakter schießen muss, um auf die gleichen Trefferquoten zu kommen, stimmt nur bedingt. Wesentlich ist vor allem die Streuung, und diese hat nur sehr am Rande mit dem Kaliber, fast ausschließlich aber mit dem Choke zu tun. Früher waren 20er-Flinten oftmals enger gebohrt, daher stammt wahrscheinlich auch die Vorstellung, dass es schwieriger ist, mit einer 20er-Flinte zu treffen. Heute haben die meisten modernen Flinten austauschbare Choke-Einsätze, und somit kann man auch eine 20er-Flinte mit offenen Läufen führen.

Für das sportliche Flintenschießen wird immer noch ausschließlich Kaliber 12 verwendet. In den olympischen Disziplinen wurde das Schrotgewicht zwischenzeitlich auf 24 Gramm beschränkt, einer Ladung, die aber durchaus einer Patrone im Kaliber 20 entspricht. Rein ballistisch spräche daher auch hier nichts dagegen, eine 20er-Flinte zu verwenden.

„Bock“ oder quer?

In Bezug auf den hauptsächlichen Verwendungszweck der Flinte geht es um die Entscheidung zwischen einer Querflinte oder einer Bockflinte. Im Zweifelsfall sollte man sich immer für eine Bockflinte entscheiden. Zum einen hat die Bockflinte der Querflinte vor allem deshalb den Rang abgelaufen, weil sie industriell in guter Qualität billiger erzeugt werden kann. Zum anderen – und das ist auch hier der entscheidende Punkt – ist sie einfacher zu führen. Sie liegt im Schuss stabiler in der Hand und in der Schulter und reagiert etwas träger als die im Normalfall leichtere Querflinte.

Hierzulande werden im Handel immer noch Querflinten in der gleichen Preiskategorie wie einfache Bockflinten angeboten. Diese Flinten können es aber weder in qualitativer noch in technischer Hinsicht mit den gleich teuren Bockflinten aufnehmen.

Für Schützen, die sich auf die Querflinte eingeschworen haben, ist vielleicht zu erwähnen, dass einige spanische und italienische Firmen heute noch qualitativ hochwertige und auch erschwingliche Flinten dieser traditionellen (englischen) Art produzieren. Wahre Traditionalisten werden allerdings den in England gefertigten Querflinten treu bleiben, die aber auch preislich in einer anderen Kategorie einzuordnen sind. Die Entscheidung für eine solche Flinte fällt zumeist nach Motiven, die weit über das eigentliche Schießwerkzeug hinausgehen. Die notwendige verlässliche Funktionalität kann schon von weitaus billigeren Flinten geboten werden.

Gebrauchtwaffenkauf: Worauf achten?

Eine gute Standardflinte kann man durch den Gebrauch alleine nicht kaputt machen. Sie hält daher auch ihren Wert recht gut. Gebrauchte Flinten kann man in der Regel daher bedenkenlos kaufen. Die meisten Verschleißteile können, falls notwendig, einfach ausgewechselt und erneuert werden. Allerdings ist ein Grundsatz immer zu beachten: Eine Gebrauchtwaffe sollte vor dem Kauf unbedingt von einem wirklichen Fachmann überprüft werden.

2

Das Führen der Flinte

Grundlegendes

Die Rahmenbedingungen für den Schrotschützen sind:

- ein dreidimensionaler Raum,
- eine Schrotgarbe, die sich mit einer hohen Geschwindigkeit (rund 300 Meter pro Sekunde) vom Schützen Richtung Ziel bewegt,
- ein sich mit rund 15 bis 30 Meter pro Sekunde bewegendes Ziel, das bis zu 60 Meter vom Schützen entfernt ist, und
- die Komponente Zeit.

Theoretisch könnte man leicht berechnen, wohin eine Flinte zu zeigen hat – wohin „vorgehalten werden muss“ –, damit der Schuss zum Treffer wird. Alle dafür notwendigen Daten sind nämlich messbar. Im Wesentlichen handelt es sich dabei um die Geschwindigkeit der Schrotgarbe, um die Entfernung des Zieles sowie um die Geschwindigkeit und den Bewegungswinkel des Zieles relativ zum Schützen.

Unerfahrene Schützen versuchen manchmal die Aufgabe so zu meistern, dass sie die Mündung statisch auf einen Punkt richten, von dem sie annehmen, dass er auf der zukünftigen Bewegungsbahn des Zieles liegt. Bei dieser „Technik“ bleibt allerdings die Komponente „Zeit“ vollkommen unbeachtet. Während ein eventueller „Vorhalt“ berechnet und eingestellt wird, verändern sich nämlich ununterbrochen die Verhältnisse.

Die Entfernung und der Bewegungswinkel des Zieles ändern sich und damit auch die Relativgeschwindigkeit zum Schützen. Der Vorhaltepunkt passt nur für den einen einzigen Sekundenbruchteil, für den er berechnet wurde. Zusätzlich muss auch noch in jenem genau passenden Sekundenbruchteil der Schuss ausgelöst werden. Ein Treffer auf diese Art kann also getrost als reiner Glückstreffer bezeichnet werden.

Eines der vorrangigen Ziele dieses Buches ist es aber gerade, von solchen fallweise vorkommenden Glückstreffern zu hohen Trefferwahrscheinlichkeiten zu kommen. Mit anderen Worten: Ich möchte Sie Schritt für Schritt an ein gutes Flintenschießen heranführen.

Fußposition und Körperhaltung

Nehmen wir an, Sie haben noch keinerlei Erfahrung mit dem Schrotschießen und haben nun erstmals eine Flinte in der Hand. Alle nun folgenden Ausführungen gehen von einem Rechtshänder aus. Es wäre zu kompliziert und für den „Normalleser" verwirrend, den Fall des Linkshänders miteinzubeziehen, was aber auch gar nicht notwendig ist: Linkshänder müssen einfach versuchen, sich alle Angaben spiegelbildlich vorzustellen.

Die einfachste Methode, die richtige Fußpositionierung zu erlernen, ist sich vorzustellen, auf einem großen Ziffernblatt zu stehen. Schließen Sie nun die Flinte und halten Sie diese im sogenannten Jagdanschlag seitlich an ihrem Körper. Die Flinte zeigt auf 12 Uhr auf Ihrem gedachten Ziffernblatt. In diesem Fall sollte Ihr linker Fuß etwa in Richtung 1 Uhr und der rechte Fuß in die Richtung zwischen 2 und 3 Uhr zeigen. Der linke Fuß wird nicht nur etwas nach vorn gestellt, sondern auch mit fast dem ganzen Körpergewicht belastet. Als Probe können Sie versuchen, das hintere Bein vom Boden abzuheben. Gleichzeitig muss man aber darauf achten, ein zu starkes Nach-Vorne-Neigen zu verhindern. Solange die Zehen des linken Fußes vom Boden

Richtige Fußposition.

Die im Jagdanschlag gehaltene Flinte zeigt auf 12 Uhr, der linke Fuß auf 1 Uhr und der rechte gegen 2 bis 3 Uhr.

wegbewegt beziehungsweise leicht gehoben werden können, ist die Gewichtsverteilung in Ordnung. Als Resultat dieser Position sollte die Belastung gleichmäßig in der Fußsohle zu spüren sein, etwas stärker in der Ferse als im Vorderballen.

Bevor Sie nun versuchen, die Flinte in Anschlag zu bringen, müssen Sie Ihre Körperhaltung für den Anschlag vorbereiten. Stellen Sie sich die Oberkörperhaltung eines Boxers vor. Ihre Füße bleiben auf dem Ziffernblatt positioniert, die Gewichtsverteilung ist wie soeben beschrieben. Die Kniegelenke werden leicht gebeugt bzw. locker gehalten – auf keinen Fall sollten sie jedoch durchgestreckt sein. Der Oberkörper fällt locker in sich zusammen; wie bei einem Boxer wird der Rücken leicht rund, und die Schultern hängen entspannt herab. Die Hände sind auf Augenhöhe, der Kopf folgt der Halswirbelsäule und „duckt“ sich leicht hinter die Hände. Hat man nun einen Helfer zur Seite, der einem eine Flinte in die Hände legt, wobei der Schaftrücken unter dem Auge beziehungsweise unter dem Jochbein zu liegen kommt, so ist man nun in einer optimalen Anschlagposition. Hat man sich diese Position einmal eingeprägt, idealerweise im Spiegelbild gesehen und entsprechend gespeichert, kann man als nächsten Schritt mit der Anschlagbewegung beginnen.

Die Haltung eines Boxers
als Vorbereitung für den Flintenanschlag.

Die Kniegelenke werden etwas gebeugt, der Rücken wird leicht rund, die Schultern hängen entspannt herab. Die Hände sind auf Augenhöhe, der Kopf duckt sich leicht hinter die Hände. Aus dieser Haltung heraus rastet die Flinte bei der richtigen Anschlagbewegung satt unter dem Jochbein ein.

Ablauf einer perfekten Anschlagbewegung.

Die Flinte wird nur mit den Armen bewegt.
Körperteile, die nicht unmittelbar mit der Flinte
in Verbindung stehen, werden nicht bewegt.
Die linke Hand hält die Mündung auf einer Höhe konstant.

Die Anschlagbewegung

Das Wichtigste bei der Anschlagbewegung ist, dass die Flinte mit den Armen bewegt wird. Körperteile, die nicht unmittelbar mit der Flinte in Verbindung stehen, werden nicht bewegt. Die linke Hand hält die Mündung auf einer Höhe konstant, während die rechte Hand den Schaft geradlinig von unten bis unter das Jochbein führt. Ist die Position ansonsten unverändert geblieben, dann sitzt der Schaft automatisch auch wieder in der Schulter. Das Hauptaugenmerk liegt somit darauf, dass der Schaft zum Gesicht hinaufgehoben wird. Mit der Kontaktnahme mit der Wange unter dem Jochbein rastet er gleichsam ein und sitzt gleichzeitig auch fest in der Schulter.

Richtiger Anschlag.

Das Auge ist über der Laufschiene, der Kopf gerade, und Halswirbelsäule und Kopf sind in einer Achse. Der Kopf ist jedoch leicht nach rechts gedreht, sodass die Wange parallel zum Schaft wird.

Falscher Anschlag.

Das Gewehr sitzt zu tief in der Schulter, dadurch ist der Kopf zu stark vorgeneigt. Die verkrampfte Haltung erschwert einen flüssigen Bewegungsablauf.

Falscher Anschlag.

Der Kopf ist geneigt, das linke Auge übernimmt. Das führt zu einem Linksschuss.

Keinesfalls darf der Schaft als erstes in die Schulter gestemmt und danach der Kopf zum Schaftrücken hinunter gedrückt werden. Zwei entscheidende Fehler resultieren aus dieser Vorgehensweise: Zum einen muss dadurch der Kopf seitlich geneigt und damit die Halswirbelsäule überstreckt werden, wodurch die Muskulatur des Schultergürtels unnötig angespannt wird. Sobald der Kopf beim Anschlag eine Bewegung zum Schaft macht, ist man außerdem geneigt, die gleiche Bewegung auch wieder rückgängig zu machen. Die solide Verbindung zwischen Wange und Schaft, ein wesentliches Merkmal eines guten Anschlages, muss bei diesem falschen Bewegungsablauf durch Muskelkraft erzeugt werden, da der Kopf hinunter gedrückt werden muss. Richtigerweise sollte der Kopf aber in seiner lockeren Haltung verharren und der Schaft den Kopf in der richtigen Position fixieren, indem er unter dem Jochbein einrastet. Halswirbelsäule und Kopf bleiben damit auch in einer Achse, was ebenso ein wesentliches und gut erkennbares Merkmal eines soliden Anschlages ist.

Die Haltung und die Position der linken Hand sind ebenso entscheidend, denn diese bestimmt letztlich den Winkel, welchen die Flinte zur Schulterachse einnimmt. Als kleine Eselsbrücke bezüglich der Haltung der linken Hand dient die Vorstellung, dass Schrotschießen im Wesentlichen eine Zeigeübung ist. Die Flinte und der daraus abgefeuerte Schuss kann als Verlängerung des Zeigefingers beziehungsweise der Zeigefinger beider Hände gesehen werden. Aus diesem Grund macht es auch Sinn, die Finger der linken Hand am Vorderschaft entsprechend der Zeigeübung nicht quer zum Lauf zu halten. Der linke Zeigefinger würde sonst nämlich rechtwinkelig zur Schussrichtung liegen. Richtigerweise hält man seine linke Hand daher so, dass die Finger annähernd parallel mit der Laufrichtung sind. Der Zeigefinger kann so entlang des Vorderschaftes weiterhin in Schussrichtung zeigen und damit die „Zeigeübung" unterstützen, während der Daumen und die drei anderen Finger den

Falsche Handhaltung am Vorderschaft im Jagdanschlag:
Die Finger der linken Hand greifen quer zum Lauf.

Falsche Handhaltung und Armhaltung im Jagdanschlag, von oben gesehen.

Der linke Arm steht durch die quergreifenden Finger zur Seite hinaus, Laufachse und Schulterachse bilden einen stumpfen Winkel.

Richtige Handhaltung am Vorderschaft im Jagdanschlag:
Der Zeigefinger der linken Hand liegt längs des Vorderschaftes.

Richtige Handhaltung und Armhaltung im Jagdanschlag, von oben gesehen.

Der linke Arm schmiegt sich harmonisch an die Flinte und läuft mit ihr in einem ziemlich spitzen Winkel zusammen.

Vorderschaft umgreifen. Die Folge dieser Handhaltung: eine sehr entspannte Armhaltung, da die Flinte von unten gehalten wird und man weniger Gefahr läuft, dass sie mit der linken Hand horizontal bewegt wird.

Wenn Sie nun eine Flinte zur Hand nehmen und im Jagdanschlag von oben über den Lauf blicken, dann zeigt dieser schräg über Ihren linken Fuß, sodass er gleichsam die große Zehe „abschneidet“. An welcher Stelle die linke Hand die Flinte hält, ist individuell verschieden. Ein guter Orientierungspunkt ist normalerweise der mit Fischhaut versehene Bereich. Man hält die Flinte mit beiden Händen so, dass sie auf den Händen „liegt“ und man das Gewicht der Flinte spürt beziehungsweise von unten unterstützt. Die Schulter- und Armhaltung ist ansonst ganz entspannt. Automatisch ergibt sich dadurch ein natürlicher Winkel zwischen Schulterachse und Flinte, der je nach der linken Handposition mehr oder weniger spitz ist. Wichtig ist dabei, diesen Winkel zuzulassen, so wie er durch eine entspannte Position entsteht. Keinesfalls darf man die Flinte mit der linken Hand vom Körper wegdrücken, damit der Winkel zwischen Schulterachse und Flinte stumpfer wird.

Dazu eine kleine Übung:

Um einen Anschlag richtig durchzuführen und zu automatisieren, stelle ich mich im Jagdanschlag vor einen Spiegel. Dabei halte ich die Mündung meiner Flinte auf Höhe meines „Schießauges“. Die Abzugshand bewegt nun den Schaft am Körper entlang in Richtung Gesicht und ohne den Schaft vom Körper wegzuheben. Dabei wird der Kontakt zwischen Schaft und Körper stets aufrecht erhalten. Der Kopf wartet völlig unbewegt auf das satte Einrasten des Schaftes unter dem Jochbein, und die linke Hand hält die Mündung der Flinte während des gesamten Vorganges konstant auf Höhe und in Richtung des Schießauges.

Gelingt diese Anschlagbewegung im Zeitlupentempo ziemlich verlässlich, so kann man das Tempo langsam steigern. Der

Jagdanschlag:

Die Ausgangsposition.

Richtige Anschlagbewegung:

Die Flinte gleitet am Körper hinauf.

Richtiger Anschlag:

Die Flinte rastet satt unter dem Jochbein ein.

Falsche Anschlagbewegung:
Die Flinte geht
vom Körper weg.

Falscher Anschlag.
Der Schaft sitzt zu tief in der Schulter.
Der Kopf muss nach vorne unten geneigt
werden, das Auge nach oben schielen.
Es entsteht eine verkrampfte Position.

Falscher Anschlag,
aus einer Rücklage.
Der Schaft sitzt zu hoch
in der Schulter.

Richtige Ausgangsposition, richtiger Anschlag:
Die Gewichtsverlagerung auf das linke Bein lässt den ganzen Körper und damit auch die Flinte sich leicht nach links neigen.

Falsche Ausgangsposition: Der Körper versucht die Linksneigung im Oberkörper auszugleichen. Rechts der daraus resultierende falsche Anschlag.

Anschlag soll nicht hastig oder hektisch wirken, aber resolut. Wenn die Schaftoberkante dabei immer wieder an die gleiche Stelle unter dem Jochbein einrastet, ohne dabei den Kopf bewegt zu haben, beherrscht man den Anschlag gut. Der Abstand zwischen Schaftoberkante und Auge definiert die Treffpunktlage der Flinte. Ausschlaggebend ist daher, dass bei jedem Anschlag immer der gleiche Abstand zwischen dem Auge und der Schaftoberkante erreicht wird. Im Anschlag wird das Auge genau in der Verlängerung der Laufachse, jedoch etwas über der Ebene der Laufschiene fixiert. Diese Anschlagbewegung wird durch Wiederholung so automatisiert, bis sie schließlich völlig unwillkürlich vor sich geht. Und genau darauf kommt es auch bei der Vorbereitung zum Schuss an.

Augen auf das Ziel!

„Wie ziele ich nun mit einer Flinte? Treffer beim Schießen haben doch immer mit Präzision und Zielen zu tun, oder etwa nicht?!" – Wie oft habe ich diesen Satz gehört! Es ist wichtig, hier mit einem weit verbreiteten Missverständnis aufzuräumen. Mit einer Schrotflinte zielt man nur dann wie mit jeder anderen Waffe, wenn man auf ein unbewegtes Ziel schießt. Sobald das Ziel sich jedoch bewegt, wird aus dem statischen, bewegungslosen Verharren eine dynamische Koordinationsaufgabe. Flintenschießen auf ein sich bewegendes Ziel hat daher viel mehr mit Tennis zu tun als mit dem Schießen auf ein statisches Ziel. Dies mag im ersten Augenblick vielleicht etwas übertrieben klingen, ist jedoch sehr einprägsam, gerade wenn man Vorerfahrungen mit Präzisionsschüssen auf sich nicht bewegende Ziele hat, von denen man sich in diesem Zusammenhang vollkommen lösen sollte. Dies heißt jedoch nicht, dass Flintenschießen nichts mit Präzision zu tun hat, nur eben nicht mit jener Art von Präzision, die – wie beim Büchsenschuss – auf genauem Zielen und nachfolgendem Abziehen beruht.

Zielen bedeutet allgemein, das Ziel und die Zieleinrichtung bewusst in ein bestimmtes Verhältnis zu bringen, um dann den Abzug zu betätigen, wenn dieses Verhältnis erreicht und bestätigt ist. Solange das Ziel sich nicht bewegt, ist diese Methode wirksam, da sich das Ziel ja in dem Zeitraum zwischen Überprüfung des Zielbildes und daraus resultierendem Abzugsbefehl und den weiteren Sekundenbruchteilen, bis die Patrone zündet und schließlich das Projektil auftrifft, nicht bewegt. Bei einem sich nicht bewegenden Ziel hat man daher zumeist auch genügend Zeit, um alles in Ruhe und überlegt durchzuführen. Beim Schuss auf ein sich bewegendes Ziel muss die Präzision bereits in die Bewegung eingebaut werden. Das Auge zielt hier nicht, sondern es löst einen durch Erfahrung eingeprägten Bewegungsablauf aus.

Niemand wird einem Tennisspieler Präzision absprechen, der seine Bälle aus jeder Lage und unter Umständen sogar noch aus vollem Lauf knapp vor die Grundlinie des gegnerischen Feldes platziert. Oder einem Golfer, der auf der Driving Range einen Ball nach dem anderen zu einer 150 Meter weit entfernten Fahne schlägt. Wie zielt man denn, um so eine Präzision zu erreichen beziehungsweise um den Ball überhaupt mit dem Schläger zu treffen? Zielen Tennisspieler und Golfer, indem beide besonders gut auf ihre Schläger schauen? Nein, sie schauen ausschließlich auf den Ball, und nur deshalb erreichen sie diese Präzision. Jeder, der einen Tennislehrer gehabt hat, erinnert sich an die immer wiederkehrenden Zurufe: *„Ball anschauen!“* Sobald das Auge nicht auf den Ball gerichtet ist, sondern etwa die Bewegung des Gegners wahrnimmt, trifft der Ball bereits den Rahmen des Schlägers.

Oder nehmen wir ein noch viel näher liegendes Beispiel her: Wie fange ich einen kleinen Ball, der mir zugeworfen wird? Schaue ich zuerst auf den Ball, dann auf meine Hand, um diese auch wirklich exakt zum Ball hinführen zu können? Nein, meine Augen bleiben auf den Ball fixiert, und die Hand wird aus dem

Gefühl heraus in die richtige Lage gebracht, um den Ball zu fangen. Man muss die Hand überhaupt nicht sehen. Versuchen Sie einmal, einen Ball wie ein Jongleur vor sich über Ihren Kopf von einer Hand in die andere zu werfen. Wie der Jongleur sehen Sie den Ball lediglich in Augenhöhe. Trotzdem werden die Hände auf Höhe des Beckens aus dem Gefühl heraus in die richtige Position gebracht, um den Ball sicher zu fangen.

Was zeigen uns diese Beispiele? Das Auge hat die Eigenschaft und die Funktion, die einzelnen Bewegungen des Körpers zielgerichtet zu koordinieren. Dabei kann es sich um angeborene Bewegungen handeln, wie etwa Reflexe, oder aber um erlernte Bewegungsmuster, die durch wiederholte Übung automatisiert werden und so Reflexqualität erreichen können.

Flintenschießen ist wie Zeigen

Das Flintenschießen greift vorerst auf ein typisches menschliches Bewegungsmuster zurück. Wir sind es gewohnt, mit den Händen auf Objekte zu zeigen beziehungsweise uns zugeworfene Objekte zu fangen. Genau diese Grundfähigkeiten machen die ersten Gehversuche eines Schrotschützen ja oft so erstaunlich erfolgreich. Eine unglaubliche Trefferquote beim allerersten Schießplatzbesuch, die später lange Zeit nicht mehr erreicht wird – wie kommt das? Wenn man nichts anderes tut, als mit der Flinte als Verlängerung der Hände und Finger auf das Ziel zu zeigen, hat man schon fast gewonnen. Jetzt kommt nur noch der „Greifreflex" zum Tragen, als wollte man mit der rechten Hand das Ziel erfassen: Jener Augenblick, in dem man auf das Ziel zeigt und den Abzug betätigt. Treffer!

Wie zeigen wir mit unserer Hand beziehungsweise mit dem Zeigefinger auf einen Gegenstand? Wir schauen auf den Gegenstand, und der Zeigefinger wird automatisch hingeführt. Zwei Dinge sind dabei erwähnenswert. Wir brauchen den Finger dabei nicht anzusehen, und bei näherer Betrachtung erkennen wir, dass der Finger gerade so weit unter unseren Gegenstand zeigt, dass dieser nicht verdeckt wird. Eigentlich klar, weil wir den Gegenstand ja sehen wollen, oder? Genau dasselbe sollte uns auch ein passender Flintenschaft ermöglichen. Das Auge wird von der Schaftoberkante soweit über die Laufachse gehoben, dass ich den Gegenstand über der Laufmündung sehe, welcher sich genau in der Verlängerung der Laufachse befindet und daher auch in der Mitte meines Streukreises liegt. – Eine kleine Übung dazu:

Halten Sie eine möglichst lange Stabtaschenlampe in beiden Händen, und suchen Sie sich einen Punkt aus, auf den Sie den Lichtkegel der Lampe werfen möchten. Sie werden merken, dass Sie auch ohne Übung ein recht gutes Gefühl dafür haben, ob Ihre Lampe tatsächlich auf den Punkt leuchten wird. Sie suchen sich also einen Punkt und versuchen möglichst schnell darauf zu zeigen. Schalten Sie nun die Lampe ein und überprüfen Sie, ob sie den vorhin ausgewählten Punkt genau anleuchten. Nach einigen Versuchen werden Sie die Punkte immer besser treffen, ohne auch nur in irgendeiner Weise gezielt zu haben. Daraus erkennt man, dass wirklich jeder die Fähigkeiten für das Flintenschießen mitbringt. Und dass die Flinte, richtig eingesetzt, nur als Verlängerung der Zeigehand dient.

Eine passende Flinte schießt dorthin, wohin ich über den Lauf hinweg schaue, und nicht, wohin die Laufmündung zeigt. Das ist der Hauptgedanke und eine der wichtigsten Grundlagen des Flintenschießens auf ein sich bewegendes Ziel. Mein Auge ist aufs Ziel fixiert. Statt mit dem Zeigefinger, zeige ich nun aber mit dem Lauf der Flinte aufs Ziel. Das Auge bleibt jedoch immer aufs Ziel gerichtet. Der Lauf der Flinte wird als etwas „Richtung Gebendes“ wahrgenommen, aber niemals angeschaut! Die Augen bleiben auf dem Ziel, und zwar unabhängig davon, ob die Situation es erfordert, dass der Lauf das Ziel nur einholt oder sogar überholt. Der Lauf behält in jedem Fall sein „Schattendasein“ bei. Er wird nur unscharf wahrgenommen, während das Ziel alle Aufmerksamkeit erhält.

Schrotschießen ist wie eine Zeigebewegung.
Man erfasst das Ziel intuitiv, ohne dass man auf den Zeigefinger schaut.

Die Zeigebewegung verläuft nicht irgendwie,
sondern sie läuft in geregelten Bahnen ab.

Eine gute Übung: Die rechte Hand greift den linken Arm
beim Ellbogen und fixiert den Arm somit am Körper,
wodurch die Zeigebewegung zu einer Gesamtkörperbewegung wird.

Wieder die Zeigebewegung –
aber jetzt mit der Flinte in der Hand.
Vergleichen Sie mit dem Foto links oben!

Entscheidend für den Flintenschuss: der Reflex

Unser Körper ist für Bewegungsabläufe, die ohne Verzögerung stattfinden müssen, mit einem wunderbaren „Abschneider" ausgestattet – dem Reflexbogen!

Denken wir nur an den Schutzreflex unseres Augenlides. Ein Gegenstand, der sich plötzlich dem Auge gefährlich nähert, verursacht ein Schließen des Augenlides, ohne dass dies bewusst oder gedanklich gesteuert wird. Der Körper hat hier sozusagen einen Autopiloten vor das Großhirn geschaltet, der sofort das Richtige durch eine direkte Schaltung tut. Hätte nach Erkennen des Gegenstandes die Großhirnrinde bemüht werden müssen, um nach dem Eingang des Bildes von der drohenden Gefahr einen Befehl zum Schließen des Lides an den entsprechenden Muskel zu senden, wäre es – die langwierige Erklärung spricht für sich – viel zu spät. Durch die oftmalige Wiederholung von Bewegungsabläufen nimmt dieser Autopilot auch neu erlernte Aufgaben wahr. Sie werden automatisiert, die Steuerung wird an niedrigere Gehirnregionen abgegeben. Das können durchaus auch recht vielschichtige „unnatürliche" Handlungen sein, wie zum Beispiel ein Golfschlag, oder auch eher einfache gewohnte Handlungen, wie etwa das Zeigen und das Fangen.

Wenn man nun erstmals eine Flinte in die Hand bekommt und mit dieser unbefangen auf das Ziel zeigt und – als wollte man es fangen – den Abzug betätigt, trifft man mit diesem intuitiven Zugang oft erstaunlich gut. Des öfteren kann man sogar beobachten, dass die Flinte dabei gar nicht richtig angeschlagen wurde. Man zeigt mit dem Lauf auf das Ziel, als wäre die Flinte eine Stabtaschenlampe, die einen Lichtkegel auf das Ziel wirft. Sobald man fühlt, dass der Lichtkegel das Ziel erreicht hat, hat ein Reflex bereits den Abzug ausgelöst. Genau hier liegt das Entscheidende beim Flintenschießen.

Das Auge steuert den Abzugsreflex

Der Bereich, auf den wir uns mit unseren Augen konzentrieren, ist im Zentrum unseres Gesichtsfeldes und bei einem Objekt in üblicher Schrotschuss-Entfernung nicht größer als ein Fußball. Alles Drumherum nehmen wir zwar wahr, wir können es gleichzeitig aber nicht anschauen, es ist bereits nebensächlich. Wenn wir den Blick auf etwas Bestimmtes richten, so können wir zwar fast bis zu einem Winkel von 90 Grad vom Zentrum die Dinge noch wahrnehmen, sie jedoch weder klar sehen noch gar bewusst anschauen.

Diese Gesetzmäßigkeiten sind für das Flintenschießen sehr wichtig, da sie einen entscheidenden Einfluss auf die Abzugsqualität haben. Solange das Auge auf das Ziel gerichtet ist und der Lauf als etwas Nebensächliches wahrgenommen wird, funktioniert der Abzugsreflex. Das bedeutet, dass der Abzugsfinger direkt über den Reflexbogen angesteuert wird, ohne den Umweg über eine in der Großhirnrinde erzeugte Entscheidung. Wahrnehmung und Abzugsaktion passieren gleichzeitig. Sobald das entsprechende Bild erscheint, fällt der Schuss.

Wenn ich aber den Lauf bewusst anschaue, um diesen in ein bestimmtes Verhältnis zu meinem Ziel zu bringen, bin ich in einer Rückkoppelungsschleife gefangen, die ständig versucht, ein immer besseres Verhältnis zwischen dem Ziel und dem Lauf zu erzeugen. Diesen Teufelskreis kann ich dann nur mit einem bewusst gesetzten Abzugsbefehl beenden, der den langen Weg über die „grauen Zellen“ nehmen muss. Dieser Abzugsbefehl kommt aber nicht als gleichzeitige Aktion zum wahrgenommenen Bild, sondern erfolgt als – wohlbedachte – Reaktion auf eine längst vergangene Situation. Das Ergebnis ist, dass sich das Ziel inzwischen woanders befindet, als in jenem Augenblick, in dem das entscheidende Bild für den Abzugsbefehl aufgenommen wurde. Die „Schrecksekunde“ ist verlängert worden. Im Vergleich zum ungezielten, reflexartig ausgelösten Schuss muss man bei einem solchen Schuss schon viel deutlicher „vor dem

Ziel sein“, um noch zu treffen. Ich sage bewusst nicht „vorhalten“, weil vor das Ziel zu halten der falsche Weg ist, da das fast zwangsläufig zum Stehenbleiben führt. Und diese Verlangsamung der Flintenbewegung gegenüber der Bewegung des Zieles führt zu einer noch weiteren Vergrößerung des notwendigen „Vorhaltes“.

Einäugig oder zweiäugig?

Normalerweise ist die Antwort eindeutig: Beim Schrotschuss sollte man unbedingt mit beiden Augen schauen. Doch wie bei allen Regeln gibt es auch hier Ausnahmen, die für den einen oder anderen Flintenschützen von ganz entscheidender Bedeutung sein können. Zunächst geht es aber einmal darum, festzustellen, welches Auge das persönliche Führungsauge ist.

Die einfache Übung dazu:

Suchen Sie sich ein ungefähr zwanzig Meter entferntes Ziel. Fixieren Sie dieses Ziel zunächst mit beiden Augen, und zeigen Sie dann intuitiv mit gestrecktem Arm auf dieses Ziel – ohne dabei den Zeigefinger anzusehen. Wenn Sie nun Ihr linkes Auge schließen, so sollte der Finger immer noch Richtung Ziel zeigen, sofern Sie Rechtshänder sind und Ihr dominantes Auge auch wirklich das rechte ist. Beim Schließen des rechten Auges sollte Ihr Finger danach deutlich nach rechts vom Ziel abweichen. Die Erklärung dafür: Ihr Finger wird bei einem intuitiven „Hinzeigen“ vom dominanten Auge geleitet – genauso wie später auch die Flinte. Bei Linkshändern sollte bei dieser Übung demnach das linke Auge die dominante Funktion übernehmen.

In der Praxis kommt es aber gar nicht so selten vor, dass ein Rechtshänder ein dominantes linkes Auge hat und ein Linkshänder ein dominantes rechtes. Außerdem gibt es auch Fälle, wo keine Dominanz festgestellt werden kann oder sogar einmal das rechte und ein anderes Mal das linke Auge die Führung übernimmt. Für konstante, nachvollziehbare Erfolge beim Schrot-

Falsches Auge, bei richtigem Anschlag.

Das linke Auge übernimmt die Führung.
Man schaut übers Kreuz, obwohl die Körperhaltung richtig ist.
Hier kommt ein Linksschuss heraus.

schießen muss allerdings immer jenes Auge das Ziel verfolgen, welches auf der Seite der Anschlagschulter liegt.

Hat ein Rechtshänder das dominante Auge rechts, so kann er problemlos beide Augen beim Schrotschuss offen lassen. Die Vorteile liegen auf der Hand: ein größeres, dreidimensionales Gesichtsfeld, mit dem man sowohl Entfernungen als auch Geschwindigkeiten besser abschätzen kann. Rein körpertechnisch gesehen genügt allerdings schon ein Auge, um all jene optischen Signale zu erhalten, die für den richtigen Bewegungsablauf und somit auch für den sicheren Treffer notwendig sind. Das beweisen zahlreiche sehr gute Schützen, die automatisch ein Auge schließen, wenn sie die Flinte anschlagen.

Entscheidend ist diese Erkenntnis vor allem für jene Schrotschützen, deren dominantes Auge nicht auf der Seite der Anschlagschulter liegt. In einem solchen Fall übernimmt nämlich nicht jenes Auge die optische Steuerung, das parallel zum Lauf auf das Ziel fixiert ist, sondern das Auge, das seitlich am Lauf vorbei schaut. Die Folge davon ist das berühmt-berüchtigte „cross-sighting“: Das „falsche“ Auge fixiert quer über die Mündung das Ziel und erzeugt damit beim Rechtsschützen automatisch einen Linksschuss. In diesem Fall muss das dominante – in diesem Fall: linke – Auge ausgeschaltet werden, damit eine korrekte optische Steuerung der Bewegung mit dem „schwächeren“ – rechten – Auge erst möglich wird. „Ausschalten“ heißt dabei nicht automatisch, dass man das Auge unbedingt schließen muss, gerade weil ich aus Erfahrung weiß, wie viele Schützen damit Schwierigkeiten haben. Eine gute Alternative dazu ist, das Brillenglas des dominanten, aber die Steuerung störenden Auges abzukleben – falls man eine Brille trägt.

Ich selbst schlage rechts an, mein dominantes Auge ist aber das linke. Daher habe ich mir einen Reflex angeeignet, das linke Auge zu schließen, sobald der Schaft die Wange berührt. Unter normalen Bedingungen kommt man damit recht gut über die Runden. Bei sehr schlechten Sichtverhältnissen kann es aber passieren, dass das dominante Auge plötzlich mithelfen will und unwillkürlich offen bleibt. Das Ergebnis sind dann meist unerklärliche Fehlschüsse. Der Vorteil meiner Methode ist jedoch, dass man bei der Zielaufnahme zunächst beide Augen zur Verfügung hat und erst dann „einäugig“ wird, wenn man ohnehin nur mehr kurz vor der Schussabgabe steht. Schwieriger ist es da schon beim sogenannten Vor- oder Sportanschlag: Der Schaft liegt bereits an der Wange, und der Lauf erscheint „groß und breit“ vor dem Auge. Dabei nun mit zwei offenen Augen das Ziel zu erwarten und erst dann das dominante Auge zu schließen, stellt eine recht schwierige Aufgabe dar und erklärt auch die Tatsache, warum es kaum „einäugige“ Spitzenkönner bei Bewerben mit Sportanschlag gibt, wie etwa bei Olympisch Trap.

Die Flintenpraxis

Nach den oftmals eher theoretischen Betrachtungen bisher, die uns als Grundgerüst dienen sollen, wenden wir uns nun der Flintenpraxis mit ihren ganz konkreten Fragen und Problemstellungen zu.

Wie vermeide ich das Zielen?

Wie kann ich das Zielen vermeiden? – Das Zielen kann ich leichter vermeiden, solange Flinte und Ziel nicht in einer Linie sind. Das heißt, dass die Flinte nicht so schnell wie möglich auf Linie des Zieles gebracht wird, sondern ruhig mit einer Einhol- beziehungsweise Überholbewegung entlang der Bewegungsbahn den Kontakt mit dem Ziel herstellt. Eine wichtige Eselsbrücke dabei ist, etwas konkret auf dem Zielobjekt anzuschauen. Ist es eine Ente oder ein Fasan, so versuche ich den Schnabel ganz genau anzusehen. Bei einer Wurfscheibe ist es ratsam, den vorderen Rand scharfkantig zu sehen oder auch die einzelnen Rillen auf der Oberfläche der Wurfscheibe. Dadurch richte ich meine gesamte Aufmerksamkeit auf das Ziel. Als Konsequenz davon wird der Lauf als etwas Zweitrangiges wahrgenommen und einem natürlichen „Zeigeinstinkt" folgend bewegt. Diese Bewegung wird dann ungestört und gleichförmig sein.

Ein erfahrener Schießlehrer erkennt an der Flüssigkeit der Mündungsbewegung ganz genau, ob der Schütze nur das Ziel oder zwischendurch auch den Lauf ansieht. In diesem Fall wird der Bewegungsfluss nämlich unterbrochen, und die Bewegung geht ruckartig vor sich. Die Aufgabe ist daher, etwas konkret auf dem Ziel zu betrachten und die Flintenmündung „aus der Randzone" durch das Ziel hindurch „in die Randzone" zu bewegen.

Nun muss ich nur mehr darauf achten, dass ich den Lauf auch dann, wenn er in Richtung Ziel zeigt, weiterhin als etwas Nebensächliches betrachte. Meine Augen bleiben stets scharf auf das

Ziel gerichtet. Dabei darf allerdings nicht vergessen werden: Die Bewegung der Mündung geht, wie bereits beschrieben, nicht durch das Ziel hindurch, sondern bleibt unter der Bewegungsbahn des Zieles, da Flinten ja ein wenig Hochschuss eingebaut haben – denken wir wieder an den Basketball, der auf der Mündung sitzt.

Außerdem ist eine der größten Fehlerquellen in der Bewegung, zu schnell die Lücke zwischen Ziel und Lauf schließen zu wollen. Ist diese Lücke nämlich einmal geschlossen und bleiben damit das Ziel und der Lauf als zwei Punkte zu lange in einer Linie, so verfällt man allzu leicht in den Fehler des Zielens. Ein anfänglich flüssig und dynamisch angesetzter Schwung wird so zu einer stockenden und statischen Bewegung.

Das Vorhalten

Eine der häufigsten Fragen, die man als Schießlehrer gestellt bekommt, lautet: *„Wie viel muss ich vorhalten?“* Theoretisch ist diese Frage sehr gut und berechtigt. In der Praxis nützt eine Antwort auf diese Frage jedoch sehr wenig. Der Grund dafür liegt in der Natur der Aufgabe. Das Schrotschießen auf ein sich bewegendes Ziel ist eine höchst dynamische Angelegenheit. Alles ist dabei in Bewegung, und die Verhältnisse ändern sich ununterbrochen. „Vorhalten“ hat jedoch etwas Statisches an sich und verleitet, wie schon der Name sagt, zum Halten, anstatt sich zu bewegen. Die Bewegung mit dem Ziel ist aber die Grundvoraussetzung für jeden verlässlichen Treffer. Die Frage nach einem „Vorhalten“ bezieht sich daher nur auf das sprichwörtliche Pünktchen auf dem „i“.

Natürlich ist es einleuchtend, dass die Mündung vor die Bewegungsbahn des Zieles zeigen muss, wenn die Garbe den Lauf verlässt, damit Schrotgarbe und Ziel zusammentreffen können. Die Konzentration auf dieses „Pünktchen“ allein hilft einem bei der Bewältigung der gesamten Aufgabe aber nicht weiter. Im

Gegenteil, zuviel Augenmerk auf dieses eine kleine Element lenkt von der eigentlichen Aufgabe ab. Im optimalen Fall wird der „Vorhalt“ nämlich in Form eines „Vorschwingens“ bis zu einem gewissen Grad unbewusst eingebaut.

Und was bringt ein konstantes Vorhaltemaß? – Nun kommen wir der Sache schon um einiges näher. Bei einem konstanten Vorhaltemaß wird die Flinte nicht statisch auf einen Punkt in der erwarteten Bewegungsbahn des Zieles gerichtet, sondern man versucht, mit einem gewissen „Vorhalt“ die Flinte mit dem Ziel mitzuführen. Es gibt übrigens eine ganze Reihe hervorragender Schützen, die auf diese Weise zu sehr guten Ergebnissen kommen. Meistens ist der Weg dorthin aber von dem sprichwörtlichen Waggon Patronen gepflastert, der erst verschossen werden muss, damit man diese Fertigkeit erlangt.

Zumindest versucht diese Technik, die statische und die dynamische Komponente zu verbinden. Die Schwierigkeit liegt weniger darin, ein entsprechendes Vorhaltemaß zu finden, als darin, dieses wirklich konstant zu halten. Allzu leicht passiert es nämlich, dass dabei die Flinte unwillkürlich abgebremst wird, meistens in der falschen Annahme, dass der Bewegungsablauf im Moment des Abzugsbefehles zu Ende ist.

Ein weiteres Problem bei dieser Methode liegt in der Tatsache, dass der Schütze sowohl das entfernte Ziel als auch die nahe Laufmündung in ein Verhältnis bringen muss. Das menschliche Auge kann aber nur jeweils eines der beiden scharf wahrnehmen. Und – wie bereits geschildert – muss das Auge beim Schrotschuss auf das sich bewegende Ziel gerichtet sein, um überhaupt die Bewegung umzusetzen. Versucht man nun, ein entsprechendes Vorhaltemaß einzustellen, nimmt man dabei automatisch vordergründig die Laufmündung wahr. Der Folge ist, dass das Ziel nicht mehr deutlich wahrgenommen wird und man daher die Bewegung nicht mehr am Ziel orientiert. Und die Folge davon? Die Bewegung des Laufes verselbstständigt sich, und der Schuss geht meist hinten vorbei.

Vorschwingen ist besser als Vorhalten!

Erfahrungsgemäß gehen 60 bis 70 Prozent der Fehlschüsse hinter das Ziel. Die Ursachen dafür sind mannigfaltig, können aber meist unter dem Oberbegriff „Stehenbleiben“ zusammengefasst werden. Daher: Vorhalten ist zwar eine Möglichkeit, zu einem Treffer zu kommen, Vorschwingen ist jedoch besser!

Der wesentliche Unterschied zwischen dem „Vorhalten“ und dem „Vorschwingen“ ist die Mündungsbewegung in Bezug auf die Bewegung des Zieles. Beim Vorhalten versucht man, die Mündung mit der gleichen Geschwindigkeit wie der des Zieles vor dem Ziel zu bewegen. Beim Vorschwingen bewegt sich die Mündung etwas schneller als das Ziel und endet weiter vor dem Ziel als beim Vorhalten. Wenn man nun davon ausgeht, dass das Stehenbleiben die häufigste Ursache für Fehlschüsse ist, so leuchtet es ein, dass dieses beim Vorschwingen weniger leicht passiert als beim – statischen – Vorhalten. Ein guter Vorsatz lautet daher: *„Falls ich vorbeischieße, dann soll's vorne vorbeigehen!“* So hat man immerhin noch die Chance eines Treffers, während „hinten vorbei“ immer „hinten vorbei“ ist und bleibt. (Vgl. dazu auch *„Vorhalten/Vorschwingen“* im „Wörterbuch“, Anhang Seite 149)

Besser als der gezielte Schuss: Der Schnappschuss

Wieso klappt der Schnappschuss besser als der gezielte Schuss? – Die Antwort ist sehr einfach: Beim Schnappschuss wird agiert, während bei einem gezielten Schuss lediglich reagiert wird. Der Unterschied liegt in ein paar wenigen Sekundenbruchteilen. Beim Schnappschuss passiert etwas in der Gegenwart in Bezug zur Gegenwart. Ziel und Schussabgabe sind in der gleichen Zeitebene. Beim gezielten Schuss hingegen passiert etwas in der Gegenwart in Bezug zur Vergangenheit. Die Entscheidung zur Schussabgabe liegt in der Vergangenheit, und bis der Schuss das Ziel erreicht, ist dieses längst woanders.

Der provozierte Schnappschuss

Recht häufig kann man Schützen beobachten, die zunächst nicht auf das erscheinende Ziel reagieren, dann allerdings den Schuss geradezu „hinwerfen“. Und das, obwohl ihnen genügend Zeit zur Verfügung gestanden wäre, sich vorzubereiten. Aus einer durchaus normalen Situation wurde somit ein Schnappschuss. Beim Schnappschuss ist die Zeit zwischen der Zielerkennung und der Zielaufnahme bis zur Schussabgabe viel zu kurz, um einen Bewegungsablauf bewusst zu steuern. Das Ziel erscheint plötzlich, man muss auf kürzestem Wege mit der Schussabgabe fertig sein.

Schützen, die das tun, haben offenbar die Erfahrung gemacht, dass sie öfter treffen, wenn sie ihre Handlung zeitlich einengen. Man fordert dadurch einen intuitiven Ablauf heraus – und hat damit keine Zeit, Fehler zu machen! Die naheliegendste Methode dafür ist, im spätestmöglichen Zeitpunkt anzuschlagen. Allein schon dadurch beraubt man sich der „Gefahr“, die Mündung anzusehen, um diese bewusst in ein bestimmtes Verhältnis mit dem Ziel zu bringen. Genau hier verliert man nämlich sonst jenen Sekundenbruchteil, der die Gegenwart zur Vergangenheit macht.

Beim intuitiven Schuss bleibt das Auge immer auf das Ziel gerichtet und leitet dadurch auch einen zielgerichteten Bewegungsablauf ein, der bei Erreichen des Zieles mit dem Abzugsreflex abgeschlossen wird. Der Abzugsfinger krümmt sich dabei automatisch, sobald die Flinte das Ziel „eingefangen“ hat, genauso wie Finger sich unwillkürlich und im richtigen Moment um einen zugeworfenen Tennisball schließen. Für das Abziehen einer Schrotflinte verwenden wir genau diesen Greifreflex. Im Normalfall braucht dieser Reflex nicht erst „erklärt“ beziehungsweise durch vielfache Wiederholungen erlernt zu werden. Das Interessante dabei ist, dass der Reflex aber nur dann funktioniert, wenn das Auge auf das Ziel gerichtet bleibt und die Mündung zwar wahrgenommen, aber auf keinen Fall angeschaut wird.

Worauf ich mit diesen Zeilen hinaus will: Bei einem Schnappschuss – gleichgültig ob echt oder provoziert – hat man gar nicht die Zeit, „bewusste“ Fehler zu begehen.

Wie geht ein routinierter Flugwildschütze vor?

Bei einem von weitem sichtbar auf den Schützen zu fliegenden Vogel schlägt ein routinierter Jäger tatsächlich erst im spätestmöglichen Augenblick an. Sobald er erkennt, dass der Vogel in seine Richtung streicht, richtet er seine Position auf die zu erwartende Bewegung aus. Dies geht alles wie in Zeitlupe vor sich. Wenn der Vogel schließlich in seinen Schussbereich gekommen ist, das bedeutet, dass das Flugwild bereits auf 40 bis 50 Meter herangestrichen ist, erfolgt der ruhige Anschlag. Auf die sparsame und ruhige Anschlagbewegung folgt ein gleichmäßiger und runder Schwung mit dem gesamten Körper, bei dem die Flinte den Vogel gleichsam wie mit einem langen Pinsel „vom Himmel streicht“. Der Pinselstrich beginnt hinter dem Stoß des Fasans und endet erst dann, wenn er den Schnabel des Vogels meterweise hinter sich gelassen hat. Die Schussabgabe „passiert“, während die Flinte sich vom Schnabel weg nach vorne bewegt. Wo genau der Schuss zu brechen hat, ist gar nicht so wichtig. Es geht somit nicht mehr um ein bestimmtes Maß, sondern bloß um die Gewissheit, dass die Mündung sich etwas schneller als das Ziel bewegt. Ob es nun eine, zwei oder drei Handspannen oder bei wirklich weiten Schüssen auch ein Vielfaches davon ist, die zwischen Schnabel und der Verlängerung des Laufes liegen, ist nicht so wesentlich. Die Flinte sollte sich nur während der Schussauslösung auch wirklich ständig weiterbewegen. Auch nur das kleinste Verzögern der Mündungsgeschwindigkeit macht ein bestimmtes „Vorschwung-Maß“ belanglos, und der Fehlschuss ist vorprogrammiert.

Das Um und Auf: Die richtige Schwungbewegung

Beschäftigen wir uns der Einfachheit halber vorerst mit horizontal fliegenden Zielen. Steht man gerade und aufrecht, dann sind die Schultern automatisch parallel mit einem horizontal fliegenden Ziel. Die Drehung des gesamten Körpers erfolgt daher einfach durch ein Abrollen des hinteren Fußes. Dadurch entsteht eine Drehung des gesamten Körpers um das vordere (Stand-) Bein. Die daraus resultierende Mündungsbewegung ist horizontal. Das Abrollen des rechten Fußes des Rechtsschützen erzeugt eine Drehung aus der Neutralstellung gegen den Uhrzeigersinn nach links. Erinnern wir uns an die Neutralstellung: Die Flinte zeigt nach 12 Uhr, der linke Fuß Richtung 1 Uhr und der rechte gegen 2 bis 3 Uhr. Nach links gegen den Uhrzeigersinn dreht man auf diese Weise recht mühelos und ohne wesentliche Einschränkung, weil sich durch das Abrollen im hinteren Bein das Becken um das Standbein wie ein Türblatt um ein Scharnier dreht. Versucht man allerdings aus der Neutralstellung nach rechts zu drehen, so stößt man sehr schnell auf Widerstand, da das Becken im Uhrzeigersinn nur eingeschränkt um das Standbein bewegt werden kann. Weicht man dieser Einschränkung aus und verlagert das Gewicht auf das rechte Bein, so kann man zwar eine Drehbewegung um das rechte Bein machen, aber der ganze Körper kippt dabei nach rechts ab. Man dreht um eine völlig andere Achse als zu Beginn, und deshalb ist auch die Schulterachse nicht mehr parallel mit der Flugbahn. Man ist gezwungen, die Flinte mit den Armen nach oben zu heben, um das Abkippen auszugleichen.

Es gibt Lehrmeister – einer von ihnen ist der berühmte Robert Churchill in seinem Standardwerk „Flintenschießen“ – die beim Schuss nach rechts ein Drehen um das rechte Bein gutheißen. Dies ist der typische Fall, wo jemand auf diese Weise vielleicht „trotzdem“, aber nicht „deshalb“ gut schießen kann. Wenn man sich nämlich ein bisschen mit mechanischen Vorgängen auseinandersetzt, erkennt man sehr schnell, dass diese Vorgangsweise große Nachteile gegenüber einer Drehung allein um das vordere Bein hat. Die gute Nachricht ist zwar, dass man damit eindeutig der Bewegungseinschränkung entkommt, die bei der Drehung um das vordere Bein vorhanden ist. Die schlechte Nachricht allerdings, dass man dafür die Präzision in der Drehbewegung opfert. Man wird verleitet, die Drehung um die der Flugbahn entsprechenden Achse aufzugeben.

Ein ganz wichtiger Merksatz in diesem Zusammenhang ist, dass vor, während und nach der Bewegung die Belastung auf demselben Bein bleiben muss. Nur dann hat man die Voraussetzung dafür geschaffen, dass der Körper sich wie in einem Scharnier bewegt. Damit vollzieht nämlich auch die Flinte eine Drehung um eine einzige Achse, und auch die Mündung kann ruhig schwingen. Beachtet man dieses Prinzip allerdings nicht und verlagert das Gewicht von einem Bein auf das andere, so wird die Flinte großteils nur parallel verschoben. Als Resultat ist die Mündungsbewegung viel geringer, und zusätzlich schwingt die Flinte nicht, sondern wird geschoben oder gezogen.

Lassen Sie mich das ein wenig genauer erklären: Jede Gewichtsverlagerung bedeutet automatisch auch eine Veränderung der Drehachse, weil der Körper dabei wie ein großer Turm „wankt". Als Folge ist die Schulterachse, die vorher mit der Flugbahn des Zieles annähernd parallel war, nun auch in ihrer Position verändert: sie ist gekippt. Die Flinte muss in der Folge mit den Armen bewegt werden, um weiterhin an der Flugbahn zu bleiben. Der Bewegungsfluss ist unterbrochen. Die Arme bewegen die Flinte. All dies sind Faktoren, die man vermeiden möchte.

Wie kann ich nun dieses Verschieben und Kippen verhindern? Man muss die Notwendigkeit einer Gewichtsverlagerung von einem auf das andere Bein ausschließen. Und dabei spielt die Fußposition für die jeweilige Situation eine entscheidende Rolle. Es kommt also auf die richtige „Beinarbeit" an.

Lesen Sie bitte weiter auf Seite 69!

Der richtige Schwung nach links (1)

Die Drehung erfolgt um das linke Bein. Der ganze Körper dreht sich als Einheit. Die Bewegung entsteht in den Fuß- und Kniegelenken, vor allem durch das Abrollen des rechten Fußes.

Der richtige Schwung nach links (2)

Der richtige Schwung nach links – von hinten gesehen.
Wieder deutlich zu sehen: Die Drehung erfolgt um das linke Bein.

Der richtige Schwung nach links (3)

Der richtige Schwung nach links – von oben vorne gesehen.

Falscher Schwung nach links (1)

Der Fehler bei diesem Schwung nach links ist die Gewichtsverlagerung auf das rechte Bein, anstatt über das belastete linke Bein zu drehen.

Die Folge:
Ein eingeschränkter Schwung, es entsteht zwangsläufig eine Bewegung nach oben.

Falscher Schwung nach links (2)

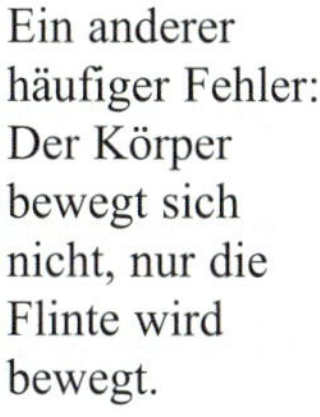

Ein anderer häufiger Fehler: Der Körper bewegt sich nicht, nur die Flinte wird bewegt.

Die Folge: Der Schaft wandert auf den Oberarm, die Flinte wird (falscherweise) mit der linken Hand zum Körper gezogen.

Der richtige Schwung nach rechts: …

1 Neutrale Ausgangsposition im Jagdanschlag.

2 Das Wild fliegt nach rechts. Also: Das linke Bein muss neu positioniert werden. Dieser Schritt ist ganz entscheidend! Man greift dabei der zu erwartenden Schussposition vor …

3 … dann erst erfolgt der Anschlag hinter das Ziel …

4 … der Körper zieht die Flinte im Schwung nach rechts …

5 … Schuss! …

6 … und Ausschwingen.

Detail am Rande:

Wenn man weiß, dass das Ziel nach rechts fliegen wird – wie zum Beispiel auf dem Schießstand –, dann kann die richtige Fußposition bereits eingenommen werden, aus der mit einer Körperdrehung das Ziel abgeholt wird.

… auf die Beinarbeit kommt's an!

2

3

5

6

Falscher Schwung nach rechts

Der Fehler bei dieser Bildserie: Der Schwung nach rechts wird hier nicht mit der Fußstellung vorbereitet.

Die Folge: Die Flinte kann nur mehr mit den Armen nach rechts gedrückt werden; es entsteht kein Schwung.

Die richtige Beinarbeit

Wie stelle ich mich richtig hin? Wohin richte ich mich aus? – Als Standardantwort hört man immer wieder: *„Richte deine Fußstellung* (die Neutralstellung) *dorthin aus, wo du deinen Trefferbereich erwartest!"* Eine solche Anweisung wäre logisch, wenn der Schütze im Anschlag sowohl nach links als auch nach rechts genau gleich weit, mühelos und frei schwingen könnte. Da dies aber nicht der Fall ist, stimmt die Antwort nur zur Hälfte. Nämlich nur dann, wenn sich – für den Rechtsschützen – das Ziel von links nach rechts bewegt. Warum?

Der Rechtsschütze tut sich bei einer Drehung nach rechts über das vordere Bein schwer. Um sich daher bei der Schussabgabe nach rechts uneingeschränkt bewegen zu können, richtet man tatsächlich die Neutralstellung in diese Richtung aus. Es wird dabei sogar ein wenig übertrieben, also die Position noch weiter nach rechts in die Bewegungsrichtung des Zieles ausgerichtet, über den erwarteten Trefferbereich hinaus, da man rechts sehr viel früher vom eigenen Körper gebremst wird.

Wenn man über das linke Bein nach links schwingt, gilt die einleitende Standardantwort nicht mehr. Hier richtet man die Neutralstellung auf den Aufnahmebereich des Zieles aus, also dorthin, wo man das Ziel mit der Flinte zu verfolgen beginnt. Dreht man nun mit dem gesamten Körper um die vorhin beschriebene Achse nach links, indem man die Ferse des hinteren Beines freigibt, so wird ein Widerstand durch den Körper erst sehr viel später bemerkbar. Man kann ohne weiteres eine Drehung von bis zu 120 Grad oder sogar mehr vollführen.

Zur Klarstellung möchte ich den gesamten Ablauf nochmals erklären. Als erstes schätzt man die Situation ein: Wird das Ziel nach links oder nach rechts gehen? Am Wurfscheibenstand weiß man das in den meisten Fällen im Vorhinein und hat daher Zeit, sich einzurichten. In der jagdlichen Praxis hingegen wird man aber häufig überrascht, und oft erscheint das Ziel ohne jegliche Vorwarnung. Die Ausrichtung muss daher der Bewegung unmittelbar vorgeschaltet werden, mit einem mehr oder weniger fließenden Übergang zur eigentlichen Anschlag- und Schwungbewegung.

Vielleicht haben Sie schon einmal beobachtet, wie ein routinierter Schütze beim Vorstehtreiben sich seinen Stand präpariert. Damit die Fuß- und Beinarbeit schnell und ungehindert vor sich gehen kann, wird vor dem Anblasen ein „Platzl" ausgetreten. Auf einem gefrorenen Acker mit groben Schollen ist dies oft gar keine leichte Aufgabe. Eben dort ist es aber besonders wichtig, weil man sonst in seiner Position wie einzementiert bleibt und speziell nach rechts sicher keine vernünftigen Schüsse abgeben wird können. Sobald das Ziel erscheint und erkennbar ist, dass es sich rechts am Schützen vorbei bewegen wird, macht dieser den Positionsschritt. Dies geschieht ganz isoliert im Unterkörper, ohne aber die Situation der Flinte zum Oberkörper verändern zu müssen. Der Anschlag erfolgt erst danach in der gewohnten Weise hinter das Ziel. Nun wird mit dem gesamten Körper die Zielverfolgung aufgenommen. Die Spannung, die sich durch das Verwinden von Unter- und Oberkörper und durch die Ausrichtung der Fußstellung ergibt, unterstützt den Schwung über die während der Bewegung erreichte Neutralstellung hinaus. Der Schuss bricht, während das Ziel überholt wird, bei sehr schnellen oder weiten Zielen auch erst im Schwung über das Ziel hinaus. Die Bewegung geht fließend in den sogenannten „Ausschwung" über.

Zu Trainingszwecken kann und soll man am Ende des Ausschwunges nach Möglichkeit eine sogenannte „Endposition" halten, nur ein paar Augenblicke lang, um seine Position zu überprüfen, wie das ein Golfspieler am Ende seines Schwunges macht. Befindet man sich auch jetzt noch in einem perfekten Anschlag und hat die gleiche Gewichtsverteilung in den Füßen wie bei der Ausgangsposition, so ist die Wahrscheinlichkeit sehr hoch, dass dem eine koordinierte Bewegung vorausgegangen ist. Der Hintergrund dafür ist, dass während einer Bewegung die

Kontrolle derselben schwierig beziehungsweise sogar kontraproduktiv ist. Versucht man nämlich, eine Aktion bewusst zu steuern, wird diese automatisch so verzögert, dass der gesamte Ablauf gestört wird. Konzentriert man sich daher nur auf den Ausschwung und das Erreichen einer Endposition, so erzwingt man förmlich eine gleichmäßige Bewegung während und nach der Schussabgabe. Eine perfekte Endposition garantiert außerdem, dass die Bewegung die dafür maßgeblichen Variablen nicht verändert. Oder, einfacher ausgedrückt: Die Türe ist in ihrem Scharnier geschwungen, ohne dieses auszureißen. Dadurch ist die Mündung auf der vorbestimmten Linie geblieben, und das Auge schaut immer noch über den Lauf. Beim Kugelschuss heißt es ja auch immer: *„Der Kugel nachschauen!"* – Im Prinzip ist das hier nichts anderes.

Oft meint man, nicht genügend Zeit für den ersten Schritt zur Verfügung zu haben, den Positionsschritt. Mit der Routine verbessert sich aber auch das Zeitgefühl. Bald erkennt man, dass es fast immer möglich ist, zunächst eine optimale Fußposition vorzubereiten. Erspart man sich diese Vorbereitung, so gewinnt man in der Regel weder Zeit, noch kann man einen guten Schwung nach rechts vollführen, weil der Körper sich dagegen sperrt. Die Folge davon ist automatisch eine Gewichtsverlagerung auf das rechte Bein und damit verbunden ein Parallelverschieben der Flinte beziehungsweise ein Abkippen des Körpers mit allen negativen Begleiterscheinungen. Dieser Vorbereitungsschritt ist, wie gesagt, jedoch nur dann notwendig, wenn das Ziel – für den Rechtsschützen – nach rechts geht.

Bei Überkopf-Zielen oder Zielen nach links bleiben die Füße in der Neutralposition. Überkopf schwingt man mittels einer Achse, die horizontal durch den Körper geht. Die Feinheiten des sogenannten „Stichfasans" werde ich später noch erläutern. Für den Schwung von der Neutralstellung nach links behindert der Körper die Bewegung nicht. Ganz im Gegenteil. Wenn man die Fußposition dorthin ausrichtet, wo das Ziel aufgenommen wird, so hat man den großen Vorteil, das Ziel sofort in einer idealen Körper- und Anschlagsituation verfolgen zu können. Wenn dann noch die Bewegung durch Abrollen des rechten Fußes begonnen wird, synchronisiert sich der gesamte Körper mit dem Ziel. Dementsprechend einfacher wird die Bewegung.

Der Anschlag ist jener Teil des Ablaufes, bei dem die einzelnen Körperteile zueinander bewegt werden. Sobald die Flinte im Anschlag ist, bewegt sich nur mehr der ganze Körper um die vorher eingestellte Achse. Es wäre daher falsch und hinderlich, auch für den Schwung nach links die Fußstellung in Richtung des erwarteten Trefferbereiches einzustellen. Dadurch müsste der Oberkörper nur unnötig nach rechts und gegen den starken Widerstand des Körpers verwunden werden, um überhaupt das Ziel aufnehmen zu können. Die daraus resultierende starke Vorspannung führt in der Folge meist zu einem unkoordinierten Anschlag und Schwung.

Der Schuss im Sitzen

Eine interessante Variante ist übrigens, einmal ein paar Schüsse im Sitzen zu probieren. In der Praxis kommt das dann vor, wenn man zum Beispiel bei einer Entenjagd ein Boot als „Stand" zugewiesen bekommt. Stehen wird man darin in den meisten Fällen nicht können, also bleibt einem nichts anderes übrig, als sein Glück im Sitzen zu versuchen. Hier merkt man die Einschränkung der Bewegungsfreiheit nach rechts besonders stark. Man konzentriert sich daher, falls man es sich aussuchen kann, auf Schussrichtungen gerade über den Kopf oder nach links. Man kann das Ganze natürlich auch einmal auf einem Schießstand üben. Am besten mit einem Turm, der ankommende Ziele wirft, oder auch auf dem Skeetstand. Mit dieser Erfahrung wird einem oft erst klar, wie wichtig die Beine im Bewegungsablauf sind.

Der entspannte Anschlag

In diesem Zusammenhang ist es wichtig, sich noch einmal etwas näher mit dem Anschlag beziehungsweise mit dem Anschlagen als Aktion zu befassen.

Zweck des Anschlages ist es, die Laufachse der Flinte mit der Sehachse des Schützen annähernd parallel zu stellen. Der Schaft positioniert dabei das Auge entsprechend über der Laufachse, um den gewünschten Hochschuss zu erzeugen. Die Anschlagbewegung ist dafür verantwortlich, die Flinte auf dem kürzesten Weg in diese Position zu bringen.

Zu diesem Zweck befindet sich die Mündung in der Ausgangsposition beim sogenannten Jagdanschlag bereits auf jener Höhe, auf der das Ziel aufgenommen wird. Der Lauf der Flinte wird daher nicht als Ganzes parallel nach oben gehoben, sondern um die Mündung als Fixpunkt. Gleichzeitig gleitet der Schaft an der Körperseite nach oben, bis er dann unter dem Jochbein einrastet. Dieses Einrasten ist ungeheuer wichtig, weil es die Treffpunktlage des Schusses definiert. Jede noch so geringe Abweichung der Augenposition zur Laufachse verschiebt auch die Treffpunktlage. Ein paar Millimeter an der Wange können je nach Entfernung die Treffpunktlage um 30 Zentimeter und mehr verändern. Aus diesem Grund kann schon ein minimales Heben des Kopfes einen Fehlschuss über das Ziel bedeuten. Der Anschlag oder das Anschlagen ist nicht Selbstzweck, sondern immer nur Mittel zum Zweck. Mit entsprechender Übung werden die Anschlagbewegung und der Anschlag so automatisiert, dass kein Gedanke mehr daran verschwendet werden muss. Der Anschlag dient letztlich nur als Voraussetzung, dass der Schuss dorthin geht, wohin ich schaue, nämlich über den Lauf hinweg.

Auch hier mag eine kleine Übung zum besseren Verständnis dienen:

Sie stehen im Jagdanschlag. Schließen Sie nun die Augen, und gehen Sie in den Anschlag, wobei es nicht um eine bestimmte

Richtung, sondern die für Sie entspannteste Körperhaltung geht. Wenn Sie nun im Anschlag sind und weitestgehend spannungsfrei stehen, öffnen Sie die Augen und merken Sie sich den Punkt, auf den die Flinte zeigt. Danach nehmen Sie die Flinte wieder von der Schulter und schwingen im Jagdanschlag mit dem Körper etwas hin und her, ohne aber dabei die Fußposition zu verändern. Danach gehen Sie wie oben beschrieben erneut mit geschlossenen Augen in den Anschlag. Wenn Sie dann die Augen öffnen, sollte und wird die Flinte ziemlich genau auf die gleiche Stelle zeigen, wie dies beim ersten Anschlag der Fall war!

Es gibt nämlich eine natürliche Anschlagposition, die völlig entspannt ist. Jede Abweichung von dieser Position erfordert eine zusätzliche Muskelanspannung. Eine solche zusätzliche Muskelspannung bedeutet allerdings auch eine weitere Variable, die einen flüssigen Anschlag unnötig erschweren oder sogar stören kann. Wie können wir nun diese entspannte Position definieren?

Eigentlich verhalten sich Flinte und Körper wie ein Koordinatensystem, wobei die Position des Laufes in seinem Verhältnis zur Schulterachse und die Körperlängsachse eindeutig definiert sind. Der Winkel zwischen Lauf und diesen beiden Achsen ändert sich niemals. Dadurch ist auch gewährleistet, dass das Auge immer in der gleichen Position zum Lauf bleibt. Wenn Sie wirklich spannungsfrei stehen, wird sich das bereits beschriebene Verhältnis zwischen Fußstellung und Laufachse automatisch einstellen. Zur Erinnerung: Wir stehen auf einem großen Zifferblatt. Der Lauf zeigt Richtung 12 Uhr, der linke Fuß ungefähr nach 1 Uhr und der rechte Fuß etwa zwischen 2 und 3 Uhr auf dem Ziffernblatt. Die Flinte wird in dieser Position festgehalten. Um ein Ziel zu verfolgen, bewegt sich nun der gesamte Körper und dadurch auch die Flinte. Niemals wird die Flinte isoliert bewegt. Ohne Körperbewegung gibt es auch keinerlei Bewegung der Mündung.

Entscheidend bei Schüssen auf verschiedene Höhen: Das richtige „Winkelspiel“

Von diesen theoretischen Überlegungen ausgehend, können wir uns nun mit der Vielzahl der Situationen beschäftigen, die in der Praxis vorkommen. Selten bewegt sich das Ziel nämlich genau horizontal zum Schützen. Wie verhält man sich aber bei der großen Bandbreite an Winkeln, mit denen man sowohl in der jagdlichen Praxis als auch auf dem Wurfscheibenstand konfrontiert ist?

Lassen Sie mich exemplarisch ein Ziel herausgreifen, welches rechts am Boden startet und in einem Winkel von etwa 45 Grad nach links oben steigt. Eine typische Situation sowohl auf der Flugwildjagd wie auch auf dem Wurfscheibenstand. Verfolgt man ein solches Ziel mit der gleichen Körperposition wie vorhin beschrieben, so muss man nach erfolgter Querbewegung immer wieder die Höhe durch eine Aufwärtsbewegung korrigieren. Die beiden Bewegungen werden oft gleichzeitig passieren und somit nicht als getrennte Bewegungen erkennbar sein. Auf kurze und mittlere Entfernungen wird das noch ziemlich einfach gehen. Auf etwas weitere Entfernung stößt man aber bald an Grenzen, da mit der konstanten Höhenkontrolle und Höhenkorrektur der Schwung verloren geht beziehungsweise die gleichmäßige Bewegung mit und durch das Ziel erschwert wird. Erinnern wir uns: Jede Korrektur erfolgt immer auf etwas, das man in der Vergangenheit beobachtet hat. Mit viel Routine lernt man zwar vorauszuahnen, was in der Zukunft passieren wird. Was aber trotzdem noch bleibt, ist die Tatsache, dass man Bewegungen um zwei Bewegungsachsen machen muss. Einmal um die senkrechte Achse, um die Querbewegung des Zieles mitzumachen, und dann um die waagrechte Achse, um es auch nach oben zu verfolgen. Dies bedeutet klarerweise mehr Variablen und somit auch mehr Fehlerquellen, als wenn nur eine einzige Achse zu beachten ist. Was macht man also in einem solchen Fall?

Schuss auf den Boden.

Nur beim Schuss auf den Boden, wie etwa auf den Hasen, geht der Oberkörper nach vorn.

Achtung!
Auch die typische Traptaube bei der Jägerprüfung wird über dem Horizont geschossen! Daher steht man bei diesem Schuss jedenfalls schon einmal gerade und nicht mit „Vornüber-Neigung"!

Im Allgemeinen bleibt der Winkel zwischen Oberkörper und Laufachse rechtwinkelig.

Schuss über den Horizont.

Beim Schuss über den Horizont, wie etwa auf den Stichfasan, geht der Oberkörper sukzessive in eine Rücklage über.

Auch hier: Im Allgemeinen bleibt der Winkel zwischen Oberkörper und Laufachse rechtwinkelig.

Es ist ganz einfach: Man passt die Schulterachse der Flugbahn des Zieles an. In unserem Fall kippt der gesamte Körper nach rechts, ohne jedoch die Gewichtsverteilung in den Füßen zu ändern. Sobald die Schulterachse annähernd parallel mit der Flugbahn ist, werden alle meine Querbewegungen automatisch parallel mit der Flugbahn bleiben. Eine Höhenkorrektur ist daher kein Thema mehr, und alle Bewegungen sind ausschließlich Querbewegungen. Da nun die Notwendigkeit der Höhenkontrolle und Höhenkorrektur entfällt, kann man wieder den ganzen Körper für den Schwung einsetzen und die resultierende Bewegung wird nicht nur gleichmäßiger sondern auch wesentlich vereinfacht.

Dasselbe Prinzip gilt selbstverständlich auch für Bewegungen, die nach rechts gehen. Hier kommt allerdings noch der bereits beschriebene Vorbereitungsschritt hinzu. Je steiler das Ziel nach oben fliegt beziehungsweise je mehr es sich um ankommende Ziele handelt, desto mehr muss man die Drehachse durch den Körper aus seiner ursprünglich senkrechten Lage bringen und durch Neigung nach seit- oder rückwärts der jeweiligen Flugbahn anpassen. Besonders wichtig ist es, diesem Prinzip auch dann zu folgen, wenn das Ziel fast auf den Stich kommt. Hier schwindelt man sich gern mit einem Kompromiss zwischen horizontalem Schwung – Schulterachse parallel zur Flugbahn – und vertikalem Schwung – Schuss auf den Stich mit der Schulterachse normal auf die Flugbahn – durch. Bei entsprechend hohen Zielen summieren sich aber die dabei gemachten Fehler, und man verliert sehr leicht die Konstanz.

Einen Sonderfall in diesem Zusammenhang stellt ein sehr hoch überkopf anstreichendes Ziel dar. Man ist zwar verleitet, bei einem solchen Ziel umzustellen und es „am Stich“ zu beschießen, doch falls das Ziel hoch ist, verschwindet es beim Vorschwingen komplett hinter der Flinte, und man verliert somit den Sichtkontakt und damit auch die Kontrolle über das Ziel. Beobachtet man daher routinierte Schützen in einer solchen

Situation, so fällt auf, dass sie mit der Schulterachse parallel zur Flugbahn wie auf ein horizontal fliegendes Ziel schießen. Dazu muss die ursprünglich senkrechte Drehachse des Körpers soweit nach hinten gekippt werden, dass sie annähernd waagrecht wird. Auf diese Weise kann wieder ein kontrollierter Schwung parallel mit der Flugbahn des Zieles entstehen. Wie bei einem horizontal vorbeistreichenden Ziel bleibt die Flinte damit auch hier unter dem Ziel, wodurch eine kontrollierte Überhol- und Vorschwungbewegung entstehen kann. Wir erkennen somit, dass unabhängig von dem Winkel, den die Bewegungsbahn des Zieles zum Schützen hat, man stets danach trachtet, eine Querbewegung zu machen. Die Vorstellung dabei ist, den Körper wie eine Schwingtür zu verwenden, wobei das Türscharnier – die Drehachse des Körpers – jeweils rechtwinkelig auf die Bewegungsbahn des Zieles eingestellt wird. Die resultierende Bewegung geht automatisch parallel mit der Bewegungsbahn des Zieles. Auch stark steigende Ziele werden auf diese Weise erfasst, selbst ein hoch anfliegendes Ziel überkopf.

Der Stichfasan

Ein weiterer Sonderfall ist der Überkopfschuss auf ein niedriges bis mittelhohes Ziel.

Bei geradlinig zustreichenden Zielen – wie etwa dem typischen Stichfasan – kann in der Ausgangsposition entweder das vordere oder das hintere Bein belastet werden. Auf keinen Fall sollte jedoch das Gewicht während der Bewegung vom vorderen auf das hintere Bein verlagert werden, da dadurch eine Parallelverschiebung der Flinte entsteht.

Auch hier gilt es, das Standbein während der Bewegung nicht zu ändern. Beginne ich mit der Belastung auf meinem vorderen Fuß, so muss dies auch am Ende der Bewegung noch so sein. Zu diesem Zweck muss das Becken nach vorne schwingen, und als Folge wird die Ferse des hinteren Beines gehoben werden.

Eine der zwei Möglichkeiten beim Schuss überkopf, zum Beispiel auf den typischen Stichfasan:

Die Belastung bleibt auf dem linken Bein, der rechte Fuß rollt ab, um den Unterkörper nach vorne schwingen zu lassen. Der Oberkörper kann dadurch nach hinten schwingen.

Die zweite Möglichkeit:

Die Belastung ist von vornherein auf dem hinteren Bein, der Oberkörper schwingt nach hinten, die Ferse des linken Beines hebt sich.

Diese Variante ist gerade für ältere Herrschaften oft bequemer, da dabei weniger Bogenspannung im Rücken erzeugt wird.

Fehlerhafte Haltung in Erwartung eines hohen Zieles:

Die Mündung zeigt zwar in Richtung des erwarteten Zieles, aber die Körperhaltung ist grundfalsch, vor allem die Vorlage.

Der daraus resultierende schlechte Anschlag sieht so aus, dass die Flinte weder unters Auge noch hoch genug in die Schulter kommt. Die Gesamthaltung ist völlig verkrampft.

Richtige Haltung in Erwartung eines hohen Zieles: Der Oberkörper ist bereits in einer leichten Rückenlage, die Brust zeigt zum Ziel.

Der darauf folgende Anschlag passt perfekt!

Beginne ich beim Überkopfschuss auf dem hinteren Fuß, so ist in der Endposition die Ferse des vorderen Fußes gehoben. Achtet man allein darauf, die Bewegung mit der Entlastung der jeweiligen Ferse zu beenden, entsteht automatisch ein harmonischer Schwung, der den ganzen Körper mit einbezieht.

Beobachtet man wiederum einen routinierten Schützen in einer solchen Situation, so bewegt sich dieser sehr langsam und gelassen. Man wird erkennen, dass die Mündung dabei stetig beschleunigt wird. Der Grund liegt in der Tatsache, dass das Ziel allein aufgrund der Änderung der Perspektive relativ zum Beobachter beschleunigt. Ein noch weit entferntes, im spitzen Winkel ankommendes Ziel bewegt sich relativ gesehen „langsamer", als wenn es sich direkt über dem Kopf befindet und daher auch der Winkel stumpfer ist.

Die absolute Bewegung des Zieles ist dabei eher zweitrangig. Ein Vogel wird wahrscheinlich mit gleichbleibender oder etwas zunehmender Geschwindigkeit vorüberfliegen. Auch eine Wurfscheibe, die nach Verlassen der Maschine stetig an Geschwindigkeit verliert, erfährt in der Perspektive eine Beschleunigung, da die Abnahme der absoluten Geschwindigkeit in der Regel von der Zunahme der relativen Geschwindigkeit mehr als wettgemacht wird. Die Aufgabe des Schützen ist es daher, diese Beschleunigung möglichst synchron nachzuvollziehen, genau genommen sogar etwas zu überzeichnen, um mit der Flinte das Ziel in einer ruhigen Bewegung zu überholen.

Die Bewegungsvorstellung beim Überkopfschuss ist, dass die Flinte mit dem Körper gezogen wird; niemals darf sie von den Armen gehoben werden. Hebe ich nämlich die Flinte mit den Armen in Richtung Ziel, so habe ich im spitzen Winkel nach vorne sehr schnell das Ziel erreicht. Je höher und je näher über meinen Kopf das Ziel aber heranstreicht, umso schwieriger wird es, die Flinte mit dem sich beschleunigenden Ziel mitzubewegen. Je mehr ich versuche, die Flinte mit den Armen in Richtung Ziel zu heben, umso mehr verändere ich dabei auch noch meinen Anschlag. Vor allem aber wird die Mündungsbewegung verzögert, während das Ziel eine Beschleunigung erfährt. Und was passiert, wenn die Mündung beziehungsweise die Verlängerung der Laufachse zum Ziel sich langsamer als das Ziel bewegt, wissen wir bereits: Der Schuss geht wahrscheinlich hinten vorbei.

Wie macht man es nun aber richtig? Wie kann man den nötigen Schwung in der Mündung erzeugen? Wie entsteht diese stetige Beschleunigung, die notwendig ist, um das sich beschleunigende Ziel zu überholen? – Ganz einfach: Man muss wieder den ganzen Körper einsetzen! Wenn sich der ganze Körper bewegt, wird auch die Mündung nicht stehen bleiben.

Wieder ist es da hilfreich, einem routinierten Schützen beim Überkopfschuss genauer über die Schulter zu blicken. Dabei wird auffallen, dass er die zweite Hälfte der Bewegung mit einem „Knickserl" begleitet, um schließlich mit entlasteter Ferse zu enden. Er setzt also ganz bewusst die Kniegelenke ein.

Was passiert dabei eigentlich? – Das „Knickserl" bringt den ganzen Körper ins Schwingen. Nützt man diesen Knieeinsatz, um das Becken über das Standbein nach vorn pendeln zu lassen, so schwingt automatisch der Oberkörper und damit auch die Flinte nach hinten. Dosiert eingesetzt, erzeugt man so eine stetige Beschleunigung in der Mündung. Das Gefühl ist, als ob man die Flinte mit den Knien ziehe. Zur besseren Erklärung stelle man sich einen breiten, triefend nassen Malerpinsel vor, mit dem man das Ziel übermalt. Es geht hierbei nicht darum, so schnell wie möglich vor das Ziel zu gelangen. Dies würde der Vorstellung gleichkommen, einen Punkt vor das Ziel setzen zu wollen. Im Gegenteil, das Hauptaugenmerk liegt auf einer ruhigen Übermalung des Zieles, wobei gedanklich ein satter Farbstreifen hinterlassen wird. Dieser beginnt ein gutes Stück hinter dem Ziel und geht, nachdem das Ziel übermalt worden ist, in jene Richtung weiter, in die das Ziel sich bewegt hätte. Diese Vorstellung hilft meist, die Bewegung zu beruhigen und somit einen gleichmäßigeren Zug in die Mündung zu bringen.

Richtiger Schwung auf ein Ziel …

Auf Stich anstreichendes Ziel links von der Mitte:

Nach dem Anschlag erfolgt ein kompaktes Einschwenken auf die Flugbahn des Wildes.

Schultern und Bewegung des Schützen sind parallel zur Flugbahn des Wildes.

… auf Stich links von der Mitte

… auf Stich rechts von der Mitte

Auf Stich anstreichendes Ziel
rechts von der Mitte:

Der Zeitpunkt des Einschwenkens
auf die Flugbahn des Wildes.

Das Abdecken

Ein oft vernachlässigtes Thema ist der Einfluss der Treffpunktlage der Flinte auf die notwendigen Überholmaße bei vertikal fliegenden Zielen. Gar nicht selten kommt es nämlich vor, dass bei mittelhoch – etwa 15 bis 25 Meter – anstreichenden Zielen vorne vorbei geschossen wird, weil die Treffpunktlage der Flinte nicht berücksichtigt wird.

Ich habe bereits mehrfach erwähnt, dass man sich bei einer Flinte die Treffpunktlage der Schrotgarbe wie einen auf der Mündung sitzenden Basketball vorstellen kann. Das bedeutet, dass bei einem vertikal nach oben sich bewegenden Ziel mein Schuss bereits auf dem Ziel ist, wenn sich die Mündung noch unter dem Ziel befindet. Jeder passende Schaft erzeugt genügend Hochschuss, sodass man das Ziel mit dem Lauf nicht abdecken muss, damit die Schrotgarbe das Ziel trifft. Das heißt, dass bei einem sich vertikal bewegenden Ziel dieser sogenannte Hochschuss einen Teil des Überholmaßes vorwegnimmt. Dies gilt sowohl für die gerade wegfliegende, mehr oder weniger stark steigende Wurfscheibe auf dem Trapstand wie auch für die jagdliche Überkopfsituation.

Erinnern wir uns: Die Flinte für das sportliche Trapschießen hat deswegen mehr Hochschuss als eine übliche Jagd- oder auch eine Skeetflinte, weil man eben diese steigenden Ziele unbedingt sehenden Auges beschießen möchte. Der Trap-Schütze muss daher auch ein steil nach oben wegsteigendes Ziel mit seiner Mündung nicht verdecken.

Beim Überkopfschuss mit einer Jagdflinte kommt uns der eingebaute Hochschuss allerdings auch zugute. Bewegt man, wie vorhin beschrieben, die Flinte pinselstrichartig in einer Überholbewegung von hinten kommend durch das Ziel, so verschwindet das Ziel irgendwann hinter dem Lauf. Bei mittelhohen Zielen kann man den Abzug bereits kurz vor oder beim Verschwinden des Zieles ziehen. Auf diese Weise ist der

Einfallender Erpel.

Hier muss beim Schuss die Mündung unter den Vogel zeigen. Würde sie auf das Wild zeigen oder dieses sogar verdecken, dann ginge der Schuss mit Sicherheit drüber.

„Basketball“ ohnehin bereits auf dem Ziel beziehungsweise darüber hinaus, wenn die Schrote den Lauf verlassen.

Bei Zielen, die auf einen zukommen, aber nicht überkopf weiterziehen, sondern – wie einfallende Enten – vor einem landen, muss man den Basketball auf das Ziel setzen. Das heißt, dass die Mündung eigentlich unter das Ziel zeigt, wenn der Abzug betätigt wird. Würde sie auf das Ziel zeigen oder dieses sogar verdecken, dann ginge der Schuss mit Sicherheit drüber, weil sich das Ziel ja im Schuss nach unten bewegt. – Und genau dasselbe gilt auch für das vom Schützen gerade wegstreichende Ziel.

Die Traptaube bei der Jagdprüfung

Ein Großteil der Fehlschüsse bei der geraden Traptaube gehen drüber, weil das Ziel mit der Mündung abgedeckt wird. Dies geschieht oft aus Unwissenheit, weil man sich der Treffpunktlage der Flinte nicht bewusst ist.

Tatsache ist, dass die Mündung bei der Schussabgabe unter das Ziel zeigen muss. Nur so wird die Garbe das Ziel erreichen. Zeigt die Mündung bereits auf das Ziel oder verdeckt sie dieses, geht die Garbe aufgrund des in die Flinte eingebauten Hochschusses drüber.

Dieser Fehler wird noch verstärkt, wenn die Mündung vor dem Anschlag zu tief gehalten wird und daher erst in einer starken Aufwärtsbewegung zum Ziel gebracht werden muss. Die Flugbahn des Zieles steigt zwar anfangs an, flacht sich aber sehr bald ab und geht in einen Sinkflug über. Wird die Mündung nun mit viel Schwung in Richtung Ziel nach oben bewegt, so passiert es sehr leicht, dass Ziel und Mündungsbewegung einander kreuzen anstatt gleichgerichtet zu sein. Das Ziel bewegt sich nicht mehr so stark nach oben wie die Mündung. Die wichtigste Gegenmaßnahme in diesem Fall ist, die Mündung vor dem Anschlag bereits entsprechend höher zu halten, damit diese bei der Anschlagbewegung nicht mehr so stark gehoben werden muss. Die Bewegung der Mündung wird dadurch mit dem Ziel gleichgerichtet sein. Ein Überschießen des Zieles wird unwahrscheinlicher.

Im Idealfall passt sich die Mündungsbewegung der Bewegung des Zieles an, wobei anfangs das Ziel etwas voraus ist und die Mündung das Ziel fast einholt. Im Moment des ersten Kontaktes mit dem Ziel wird der Abzug auch bereits betätigt. Die Aufgabe ist es, das Ziel dann zu beschießen, wenn es eingeholt ist – frei nach dem Motto: Wenn man beim Ziel angekommen ist, muss man abziehen, da es nicht mehr besser werden kann! Es ist tatsächlich so, dass es einfacher ist, zum Ziel aufzuschließen, als dieses einmal hergestellte Verhältnis auch beizubehalten. Das verleitet nämlich gerne zum Zielen. Und beim Zielen springt bekanntlich das Auge zwischen Ziel und Mündung hin und her. Auf die daraus resultierenden Probleme bin ich bereits ausführlich eingegangen.

Man muss sich immer wieder in Erinnerung rufen, dass der Schrotschuss im Wesentlichen mit einer Ballfang-Übung vergleichbar ist. Das Auge blickt auf den Ball und führt so die Hand hin. Keinesfalls wird, während der Ball bereits unterwegs ist, auch noch zwischendurch die Hand angesehen, um sicherzustellen, dass sie ja auf dem richtigen Weg zum Ziel ist. Das geschieht ganz automatisch. Im englischen Sprachgebrauch wird dieses Phänomen mit dem Ausdruck „hand-eye-coordination" bezeichnet. Sobald der Kontakt hergestellt ist, schließt sich die Hand um das Ziel – der Greifreflex! Auch dieser Vorgang geht automatisch vor sich. Ein nochmaliges Überprüfen der Verhältnisse, bevor die Hand den Befehl zum Schließen bekommt, findet nicht statt.

Ebenso passiert beim Schrotschuss das Abziehen quasi aus einem Reflex heraus. Es geht dabei mehr um das Zustandekommen eines Bildes, das aus dem scharf gesehenen Ziel und dem schemenhaften Lauf darunter besteht. Dieses Bild wird im Unterbewusstsein gespeichert, und jedes Mal, wenn es wieder vor dem Auge auftaucht, löst es denselben Abzugsreflex aus. Je öfter man diese Situation meistert, desto mehr Vertrauen gewinnt man in die unterbewussten Vorgänge, und umso eher kann man den Ablauf „passieren lassen".

Nicht selten folgt aber auf einen einzigen Fehlschuss wieder völliges Unverständnis. Wie konnte der Schuss bloß danebengehen, wo doch alles so perfekt ausgesehen hat? – Die Erklärung ist oft einfach: Sobald man den Eindruck hat, dass alles perfekt ausgesehen hat, hat man sich statt auf das Ziel auf den Lauf konzentriert und diesen fixiert. Anders könnte man die Position der Flinte im Moment des Abziehens nämlich gar nicht so genau wiedergeben. Sobald man aber den Lauf ansieht, in der irrigen

Annahme, es dadurch besonders perfekt zu machen, verliert man das Ziel aus den Augen. Dieser Umstand und der Sekundenbruchteil Verzögerung bis zum Abziehen genügt, um den Bewegungsfluss zur und mit der Taube zu stören. Sobald man auf das Laufkorn blickt, ist es, als schaute man zwischendurch auf seine Hand, während man einen zugeworfenen Tennisball fängt. Das kann nicht funktionieren!

Keine Taube, auch die scheinbar ganz gerade wegfliegende Traptaube, fliegt tatsächlich ganz gerade von einem weg. Wenn man das Ziel genau beobachtet, fällt einem dies aufgrund der geringfügigen Winkel oft gar nicht auf, da man die Flugbahn automatisch nachvollzieht. Schaut man aber auf das Laufkorn, so stockt die Bewegung, und ein Treffer gelingt nur mehr zufällig. Welche Hilfe gibt es nun für diesen Fall? Wie behält man die Augen auf dem Ziel?

Um die Aufmerksamkeit auf das Ziel zu lenken und dort zu behalten, muss man versuchen, etwas Bestimmtes auf dem Ziel sehen zu wollen. Bei der gerade wegfliegenden Traptaube bieten sich die einzelnen Rillen auf der Oberfläche der Wurfscheibe an. Auch wenn dies ab einer gewissen Entfernung gar nicht mehr möglich ist, muss man es dennoch versuchen, um so die Aufmerksamkeit eindeutig beim Ziel zu haben. Die Flinte wird demnach nur schemenhaft wahrgenommen, was aber völlig ausreicht. Der Lauf wird als ein Zeigeinstrument verwendet und nicht als ein Zielinstrument.

Die Sicherheit und Konstanz holt man sich durch die kontrollierte Bewegung des gesamten Körpers. Wichtig ist, dass diese Bewegung – vom Schuss unbeeinflusst – nach dem Abziehen gleichmäßig weitergeht. Also bleibt auch bei der geraden Traptaube die Mündung nach der Schussabgabe noch einige Sekundenbruchteile mit dem Ziel verbunden, bevor der Anschlag aufgelöst wird. Dies ist im Fall eines Fehlschusses wichtig, um noch in einer guten Position für einen zweiten Schuss zu sein. Was aber noch wesentlicher ist: Die Bewegung vor dem Schuss wird entscheidend von den Handlungen beeinflusst, die unmittelbar danach passieren. Reißt man unmittelbar nach dem Schuss die Flinte von der Schulter, oder hebt man auch nur leicht den Kopf, um den Treffer besser zu sehen, so wird dadurch die Bewegung und Position der Flinte bereits während der Schussabgabe geändert – durch die Vorbereitung auf die geplante spätere Handlung.

Um dies zu vermeiden, wird die Flinte mit den Armen und Händen, vor allem der Abzugshand, kräftig zwischen Wange und Schulter eingespannt. Auch die Zeigehand fixiert die Flinte in ihrer Position zum Körper. Als Resultat dieses intensiven Kontaktes der Flinte mit dem Körper wird sie sozusagen ein Teil des Körpers und ist nicht mehr ein Werkzeug oder Fremdgegenstand. Sie ist die Verlängerung des Körpers zum Ziel. Sie bewegt sich aber nur dann mit dem Ziel, wenn der (Unter-)Körper dies möglich macht, da die Flinte aufgrund ihrer fixen Position zum Oberkörper selbständig keinerlei Bewegungen machen kann. Der ganze Körper bewegt sich somit von der Zielaufnahme bis in den Ausschwung als Einheit.

Im Unterkörper bewegen Fuß- und Kniegelenke das Becken leicht nach vorne. Die Gewichtsverteilung in den Füßen wird beibehalten, und so entsteht eine waagrechte Drehachse durch die Körpermitte. Automatisch schwenkt daher der Oberkörper wie bei einer Waage nach hinten. Das allein genügt, um die Flinte mit dem Ziel mitzubewegen. Die Flinte ändert während dieser ganzen Zeit ihre Position zum Oberkörper nicht. Der Ausschwung geht grundsätzlich weiter in die Richtung, in die das Ziel fliegt oder geflogen wäre. Streng genommen geht der Ausschwung daher bei der geraden Traptaube letztlich wieder mit dem Ziel nach unten, nachdem der Zenit der Flugbahn erreicht worden ist.

Der Ausschwung

Das Thema „Ausschwung“ ist ein Kapitel für sich, und es macht Sinn, sich darüber gesondert einige Gedanken zu machen. Man kann ohne weiteres behaupten, dass ein Drittel aller Fehler entstehen, weil die Bewegung der Flinte aus irgendeinem Grund zu früh verlangsamt wird. In der Fachsprache nennt man dies „Stehenbleiben“. Die Ursachen dafür können verschieden sein: eine zu abrupte Bewegung, eine Bewegung der Flinte allein mit den Armen oder auch ein zu frühes Herunterreißen des Gewehrs, um nur ein paar der häufigsten Fehler zu nennen. Alle diese Fehler entstehen erst gar nicht, wenn man die Bewegung konsequent bis zum Ausschwung führt. Durch das Ausschwingen wird ein Stehenbleiben unmöglich.

Es ist oft hilfreich, sich dieser Materie über den Umweg oder das Beispiel anderer sportlicher Bewegungen zu nähern. Beobachten wir einen Tennisschlag oder auch einen Golfschwung, so enden beide Bewegungen im Ausschwung hinter dem Kopf. Bei der Geschwindigkeit der beiden Bewegungen könnte dies dem Trägheitsmoment zugeschrieben werden. Das ist aber nicht allein der Grund. Auch eine mit verringerter Geschwindigkeit durchgeführte Bewegung würde bei beiden Sportarten idealerweise hinter dem Kopf enden. Warum ist das so? – Obwohl die Ballflugbahn nach dem Ballkontakt nicht mehr beeinflusst werden kann, ist diese zweite Hälfte des Schwunges ein wesentlicher Bestandteil des Bewegungsablaufes. Es gibt schließlich auch keinen guten Tennisspieler, der die Bewegung abkürzt, indem er unmittelbar nach dem Ballkontakt stoppt. Bei einem Golfschwung ist noch besser erkennbar, wie viel Augenmerk auf den Ausschwung gelegt wird. Ein guter Golfschwung endet in einer ganz bestimmten Endposition, die sogar einige Sekundenbruchteile gehalten wird, während man dem Ball nachblickt. Warum ist das so?

Bei näherer Betrachtung erkennt man sehr schnell, dass der Ausschwung der Garant dafür ist, dass die Bewegung während

Der Ausschwung:

Bei Golf und Tennis erfolgt das Ende der Bewegung erst lange nach dem Ballkontakt.

Auch beim Flintenschuss spielt der Ausschwung eine große Rolle.
Ohne Ausschwung würde die Bewegung nämlich schon vor dem entscheidenden Zeitpunkt verlangsamt.

des Ballkontaktes nicht vom Ende der Bewegung beeinflusst wird. Verlagert man das Ende der Bewegung unmittelbar nach den Ballkontakt, so verändert das die Schwunggeschwindigkeit während des Ballkontaktes. Eine Bewegung kann nämlich nicht abrupt gestoppt werden, da verschiedenste Trägheitsmomente dafür überwunden werden müssen. Will man die Bewegung unmittelbar nach dem Ballkontakt beenden, so muss man dies zwangsläufig bereits vor dem Ballkontakt einleiten. Das dafür notwendige Bremsen verlangsamt die Bewegung nun logischerweise bereits während des Ballkontaktes. Das gleiche Problem entsteht beim Schrotschützen, wenn er unmittelbar nach der Schussabgabe seine Bewegung beendet. Auch dieses Stoppen der Bewegung sofort nach der Schussabgabe führt zwangsläufig bereits zu einem Bremsen der Bewegung vor der Schussabgabe. Diese Verlangsamung ist für den Schützen selbst zumeist nicht erkennbar.

Das Zusammenspiel der Bewegungen

Wir haben nun bereits die Standposition, die Körperhaltung, den Anschlag und ein paar grundsätzliche Themen bezüglich der Zielaufnahme und Zielverfolgung behandelt. Nun kommen wir zu einem sehr wichtigen Thema, der eigentlichen Bewegung. Die Bewegungstechnik hat einen ganz wesentlichen Einfluss auf die Bewegungsqualität. Mit „Bewegungsqualität" ist hier hauptsächlich die Möglichkeit gemeint, die Bewegung immer wieder gleich wiederholen zu können. Eine hohe Trefferquote erreicht ein Schütze nur, wenn er eine Bewegung, die zum Treffer führt, wiederholen kann. Und zwar nicht nur einmal, sondern beliebig oft.

Gehen wir kurz zurück zu unserem Beispiel mit dem Zeigen und dem Fangen. Fangen wir einen uns zugeworfenen Tennisball, dann stellt sich eigentlich die Frage nach einer speziellen Bewegungstechnik nicht. Trotzdem wird ein Geübter automatisch auch seine Körperposition so verändern, dass er optimal für die Aufgabe vorbereitet ist. Sobald ich einen Gegenstand – etwa einen Tennisschläger oder einen Golfschläger – als Hilfsmittel beziehungsweise Verlängerung meines Körpers verwende, um damit einen Ball zu treffen, wird die Sache technischer. Die Bewegung erfordert ein harmonisches Zusammenwirken des gesamten Körpers. Dies ist allerdings ziemlich komplex, da die einzelnen Körperteile zu unterschiedlichen Zeiten unterschiedliche Bewegungen zu vollziehen haben. Die Arme, eine Rotation im Becken, eine gleichzeitige Gewichtsverlagerung von einem Bein auf das andere, und vieles mehr. Falls Sie diese Erfahrung noch nicht gemacht haben – probieren Sie es einmal! Denn jede Bewegungserfahrung schärft die Sinne und schafft Querverbindungen in unserem Gehirn, die dann beim Bewältigen anderer Bewegungsabläufe sehr hilfreich sind. Dies sei vor allem denjenigen ans Herz gelegt, die ihr Können über den Durchschnitt hinaus verbessern möchten und ihre Leistung im sportlichen Vergleich testen wollen.

In Amerika mache ich immer wieder die Erfahrung, dass der dortige Volkssport Golf das Erlernen des Flintenschießens enorm erleichtert. Denn jemandem das Flintenschießen beizubringen, der sich bereits über längere Zeit damit beschäftigt hat, einen kleinen Golfball richtig zu treffen und in eine bestimmte Richtung zu befördern, geht oft erstaunlich einfach. Aber auch Tennisspieler sind bevorteilt, da auch beim Flintenschießen die Hauptaufgabe darin besteht, die vorhandene Zeit einzuteilen und nicht überstürzt zu handeln. Das gute „Timing“, das sich der Tennisspieler erworben hat, hilft auch beim Schießen außerordentlich.

Ist Flintenschießen schwieriger als Golf oder Tennis?

Die gute Nachricht zuerst: Das Flintenschießen auf ein sich bewegendes Ziel ist wesentlich einfacher als Golf oder Tennis.

Warum ich dies so einfach behaupten kann? Weil der Flintenschütze einen Großteil seines Körpers während der Bewegung nicht bewegen soll. Die Arme schlagen die Flinte an, und damit ist ihre Bewegungsaufgabe bereits erfüllt. Ab nun halten sie die Flinte nur mehr in der Anschlaghaltung fest, damit das Auge und damit die Sehachse immer in derselben Position zur Laufachse bleibt. Dies darf sich während der Bewegung und auch noch nach der Schussabgabe im Ausschwingen niemals verändern.

Ziel eines jeden Flintenschützen ist letztlich das Verbessern der Trefferquote. Es geht um Beständigkeit. Wenn ich mehrfach hintereinander die Bewegung vollführen kann, die zum Treffer führt, dann habe ich eine wirkungsvolle Technik. Aber wie kommt man dorthin?

Im Prinzip gibt es zwei Wege zu diesem Ziel: Über das einfache Ausprobieren nach dem bereits erwähnten Motto „Versuch und Irrtum“ oder ein schrittweise aufbauender Lehrweg. Bei „Versuch und Irrtum“ zählt allein der Treffer. Ein Treffer allein sagt aber recht wenig über die Qualität meiner Bewegung aus, da man auch mit einer ganz falschen, übertriebenen Bewegung wirkungsvoll sein kann, beziehungsweise mit einer guten und sparsamen Bewegung auch ein Fehlschuss möglich ist. Eine übertriebene Bewegung ständig zu wiederholen, ist aber weit schwieriger und im Lernprozess langwieriger als eine effiziente Bewegung zu erlernen und auszuführen. Als „effizient“ bezeichnen wir eine Bewegung, die auf das unbedingt notwendige Minimum an Bewegung reduziert ist. Das bezieht sich auf die eingesetzten Körperteile sowie auf die Bewegungsgeschwindigkeit. Bei einem durchdachten Lehrweg wird das Hauptaugenmerk auf die Qualität der Bewegung gelegt, der Treffer ist nur das Pünktchen auf dem „i“. Er ist vorerst aber nicht primäres Ziel der Übung. Die Bewegung kann nämlich auch völlig richtig sein, ohne gleich zum Treffer zu führen. Allein die Wiederholung der richtigen Bewegung wird diese sparsamer werden lassen, und Treffer entstehen dann wie von selbst.

Es ist oft schwierig, sich von der Vorstellung zu lösen, unbedingt treffen zu wollen und die Verbesserung der Bewegungsausführung als das vorrangige Übungsziel anzustreben. Solange man sich aber auf den Treffer allein konzentriert, erzwingt man zwar möglicherweise sogar ein paar Treffer, Zielführendes gelernt hat man aber wenig. Erzwungene Treffer kann man nämlich nicht mitnehmen, eine erlernte Bewegung aber sehr wohl.

Im Unterricht höre ich regelmäßig Bemerkungen wie: *„Hätte mir das nur jemand schon vor zwanzig Jahren gesagt!"* – Meine Antwort: *„Es ist nie zu spät, mit dem Erlernen der richtigen Bewegung zu beginnen!"* Denn was Hänschen nicht gelernt hat, kann Hans immer noch lernen. Tatsache bleibt jedoch, dass sich ein Umlernen zumeist schwieriger gestaltet, als von Anfang an alles neu und richtig zu erlernen. Denn die alten und gewohnten Bewegungsmuster versuchen allzu gerne dazwischenzufunken. Umso wichtiger ist daher auch die Hilfe und die Erfahrung eines geschulten Trainers, da sonst eigene Fortschritte wiederum nur an den jeweiligen Trefferergebnissen gemessen werden.

Nicht wohin ein Schuss danebengegangen ist, ist wichtig, sondern warum!

Bei der Bewegungsschulung kommt es darauf an, dass man nicht den erkannten Fehler als solchen bespricht, sondern hilft, den Fehler zu vermeiden. Nur zu erkennen, wohin der Schuss gegangen ist, reicht nicht. Mit einem solchen Hinweis kann der Schütze nicht nur wenig anfangen, in der Regel wird der Fehler sogar noch verstärkt. Kommt eine Anweisung auch noch in Form einer Verneinung, wie zum Beispiel *„Nicht den Kopf heben!"*, so wird das Heben des Kopfes überhaupt erst zum Thema. Wesentlich besser wäre in so einem Fall etwa eine Anweisung wie *„Spür' auch nach dem Schuss den Schaft an der Wange!"*

Ein geschulter Trainer wird jedenfalls immer versuchen, Anweisungen zu geben, welche die Fehlerursachen zu verhindern versuchen. Die Treffpunktlage des Schusses ist lediglich ein Fingerzeig für den Trainer, keinesfalls aber die entscheidende Information. Die Anweisungen sollten sich vorrangig um die Bewegungsabläufe des Schülers drehen. Ich selbst weigere mich oft, einem Schützen auf seine Frage nach der Treffpunktlage eine Antwort zu geben, da ihm diese Information mehr schadet als hilft. Je mehr man sich nämlich damit beschäftigt, wohin der Schuss gegangen ist, desto mehr versucht man in der Folge, die Mündung in ein ganz bestimmtes Verhältnis zum Ziel zu bringen. Je bewusster dies passiert, desto stärker wird man verleitet, die Flinte anzusehen, und damit ist der Fehler vorprogrammiert.

Das Ziel: Ein perfekter Bewegungsablauf und Beständigkeit

Beim Flintenschießen ist es das Ziel, beständig und verlässlich zu treffen. Aber wie werde ich beständig?

Bei schwierigen Bewegungsaufgaben erreicht man die Perfektion häufig durch langwieriges Üben, bis die Bewegung letztlich automatisiert ist. Bei weniger schwierigen Aufgaben kommt man mit weniger Übung aus. Je weniger Variablen bei der Ausführung eine Rolle spielen, desto einfacher wird die Bewegung, und der Übungsaufwand reduziert sich entsprechend. Und genau hier setzt die Bewegungslehre an. Eine guter Lehrweg versucht, unnötige Variablen zu beseitigen und die Bewegungsaufgabe in leicht verdauliche Happen aufzuteilen, die einzeln geübt und später zu einem Ganzen zusammengesetzt werden.

Unser Ausgangspunkt ist, dass die Flinte im Anschlag ihre Stellung zum Körper nicht mehr verändern darf. Dies gilt sowohl für vertikale als auch für horizontale Bewegungen. Sobald die Arme nämlich selbständig die Flinte bewegen, verändert sich auch die Position des Auges zur Laufachse. Die unveränderte Position der Sehachse zur Laufachse ist aber einer der wichtigsten Eckpfeiler für die Treffpunktlage der Garbe. Bei einer passenden Flinte wird das Auge im Anschlag so weit über der Laufachse sein, dass die Garbe zumindest zu zwei Drittel über dem Laufende zu liegen kommt. Nur dadurch ist gewährleistet, dass die Garbe auch dorthin geht, wohin der Schütze schaut: nämlich über den Lauf der Flinte hinweg auf das Ziel. Das Bewegen der Flinte mit den Armen ist daher in keinem Fall zielführend. Daraus kann man folgern, dass die Arme die Flinte in ihrer Position eigentlich nur festhalten müssen und gewährleisten sollen, dass das Auge in der gleichen Position zum Lauf bleibt. Mehr haben die Arme nicht zu tun.

Vollzieht also der Oberkörper die Bewegung der Mündung? Jein! Es gibt keinen Grund, die Bewegung allein auf den Oberkörper zu beschränken und den Unterkörper unbewegt zu lassen. Um den Oberkörper nämlich isoliert gegen den Unterkörper zu verwinden, sind eine Vielzahl von Muskeln und Muskelgruppen einzusetzen, deren Koordination recht aufwändig ist. Außerdem wird der Bewegungsspielraum dabei eingeschränkt. Was spricht also dagegen, den Unterkörper zu integrieren? Nichts! Ganz im Gegenteil, denn je weiter unten die Bewegung ihren Ausgang nimmt, desto mehr wird der gesamte Körper in die Bewegung einbezogen. Bewegt sich der ganze Körper einmal von den Beinen an, so bremst oder behindert nichts die Bewegung. Sie wird sehr viel gleichmäßiger und flüssiger vor sich gehen.

Der Baukran als Modell

Der Schütze mit der Flinte ist vergleichbar mit einem großen Baukran. Der Baukran bewegt seinen Ausleger durch eine Bewegung in seiner Basis. Der ganze Kran dreht sich und deshalb auch der Ausleger. Beim Flintenschützen sind die Fuß- und Kniegelenke die Basis, von wo die Bewegung ihren Ausgang nimmt. Als Folge wird damit der gesamte Körper gleichmäßig in die gleiche Richtung bewegt. Der Flintenschütze, der also seine Beine versteift und versucht, durch das Verspreizen der Beine einen festen Stand zu erreichen, erschwert die Aufgabe gegenüber jenem, der seine Beine bewegungsbereit und im Kniegelenk locker hält. Das hintere Bein beziehungsweise der Fuß hat durch sein Abrollen eine wesentliche Funktion in der Drehbewegung, da von dort der gesamte Bewegungsvorgang beeinflusst wird.

Ein wesentlicher Teil des Flintenschießens beruht auf einer Hebelwirkung. Auch hier hilft es wieder, sich die Flinte als Stabtaschenlampe vorzustellen, deren Lichtkegel den Durchmesser einer Schrotgarbe hat. Nun stellen Sie sich vor, dass Sie ein Ziel auf 25 Meter anleuchten. Auch nur die kleinste Bewegung der Lampe überträgt sich über diesen langen Hebel. Um ein sich bewegendes Ziel auf diese Entfernung mit dem Lichtkegel zu verfolgen, muss man die lange Übersetzung dieses Hebels ausnützen, um auf dem Ziel zu bleiben. Was lernen wir daraus? – Der Hebel des Flintenschützen ist genau so lang, wie das Ziel von ihm entfernt ist. Welch große Bewegungen Ihr Lichtkegel in einer Entfernung von 20 bis 30 Metern macht, wenn Sie Ihre Laufmündung auch nur ganz geringförmig bewegen! Und welche Sprünge würde Ihr Lichtkegel erst bei ruckartigen Bewegungen machen! Dies erklärt auch, warum bei wirklich guten Flintenschützen die Bewegung stets wie in Zeitlupe erscheint. Und sie erscheint nicht nur wie Zeitlupe, sie ist in Zeitlupe! Jede Flintenbewegung verlängert sich über den eben beschriebenen langen Hebel, und die Mündungsbewegung muss daher entsprechend langsam vor sich gehen, um auf dem Ziel zu bleiben. Und je weiter das Ziel vom Schützen entfernt ist, desto langsamer muss die Bewegung werden, da ja auch der Hebel länger geworden ist.

Im umgekehrten Fall, bei nahen Zielen, kann die Mündungsbewegung schon recht schwungvoll stattfinden, nie aber ruckartig, da das Ziel ja auch nie eine schnelle Geschwindigkeits- oder Richtungsänderung vollzieht. Und nur das würde eine ruckartige Bewegung erfordern. Angenommen, man bewegt nun die Flintenmündung mit der führenden Hand, so entsteht unter anderem auch das Problem, dass man die Laufachse und die Sehachse entkoppelt. Auf die oben beschriebene Hebelwirkung bezogen, passiert Folgendes: Jede Bewegung mit der führenden Hand nützt eigentlich nur die halbe Lauflänge als Bewegungshebel. Die Mündung wird automatisch sehr viel sprunghafter bewegt, als wenn die Flinte mit den Armen nur festgehalten wird und der ganze Körper in die Bewegung einbezogen ist. In diesem Fall nützt man nämlich bereits die volle Flintenlänge als Bewegungshebel, und die resultierende Bewegung der Mündung wird sehr viel ruhiger ausfallen. Versuchen Sie sich nur vorzustellen, wie die Bewegung eines aus dem Lauf strahlenden Lichtkegels in dem einen beziehungsweise dem anderen Fall aussehen könnte. Unnötig zu sagen, dass die kompaktere Version, in der die Flinte im Gesamtsystem festgehalten wird und das Ganze sich bewegt, eine deutlich ruhigere und gleichmäßigere Bewegung erzeugen wird.

Nochmals zusammengefasst heißt das also: Die Bewegung verläuft umso flüssiger, genauer und müheloser, je mehr sich der Körper mit dem Ziel mitbewegt, während die Flinte lediglich im Anschlag festgehalten wird. Aus diesem Grund sind auch die auf früheren Seiten beschriebene Fußstellung und Körperhaltung so wichtig. Diese ermöglichen nämlich erst die richtige Bewegung. Ein häufiger Fehler in diesem Zusammenhang ist eine zu weite, verspreizte oder auch eine zu schmale und labile Fußstellung.

Nun wissen wir, dass der Flintenschütze den gesamten Körper bewegen soll. Aber das ist noch zu wenig genau. Ein wesentlicher Aspekt der Bewegung ist, dass das Resultat in der Flinte eine Drehbewegung und nicht eine Parallelverschiebung erzeugen soll. Dies mag komplizierter klingen als es ist. Der einzige Unterschied zwischen einer Drehbewegung und einer Parallelverschiebung ist, dass es bei einer Parallelverschiebung zu einer Gewichtsverlagerung von einem Bein auf das andere kommt, während bei der Drehbewegung dasselbe Bein belastet bleibt. Eine Gewichtsverlagerung sollte unbedingt vermieden werden, da sie den gesamten „Baukran“ zum Wanken bringt und die Mündungsbewegung gleichzeitig schlechter kontrollierbar ist. Zusätzlich verändert das Kippen des Körpers auch die Höhe der Mündung, die dabei auch noch einen Bogen statt einer Geraden beschreibt.

Als Voraussetzung für einen guten Anschlag und die folgende Bewegung wird das Körpergewicht mehrheitlich auf dem vorderen Fuß konzentriert. Dadurch wird eine senkrechte Drehachse im Körper gebildet, die vom linken Fuß dem Bein entlang nach oben durch die linke Körperhälfte geht. Diese Drehachse muss bei allen Bewegungen beibehalten werden, wodurch das Kippen oder Parallelverschieben ausgeschlossen wird. Auch das klingt schwieriger als es in der Praxis ist. Die Eselsbrücke lautet ganz einfach: Auch nach dem Schuss und beim Ausschwingen muss mein Körpergewicht auf demselben Bein konzentriert sein wie vor der Bewegung. Ist das gewährleistet, so hat man die Drehachse richtig eingesetzt.

Die Schwingtür als Modell

Verwenden wir nun als Verständnishilfe eine Türe als Modell. Schwingt man ein Türblatt in der Angel, so kann man unschwer erkennen, dass sich die Oberkante des Türblattes in einer Ebene bewegt. Stellt man sich nun vor, dass an das Türblatt eine Flinte montiert ist und schwingt man damit hin und her, so bewegt sich der Flintenlauf auch in einer Ebene oder auch entlang einer Geraden, je nachdem, wie man es betrachten möchte. Auch die meisten unserer Ziele bewegen sich annähernd entlang einer Geraden. Denken wir nur an streichende und ziehende Vögel oder auch an Wurfscheiben. Übertragen wir dieses Modell auf unseren Körper und bewegen wir diesen wie in einem Scharnier um eine einzige Drehachse, so müsste die Flinte sich auch hier automatisch entlang einer Geraden bewegen. Die Aufgabe besteht nun darin, meine Drehachse auf die jeweilige Bewegungsbahn des Zieles so einzustellen, dass jede Drehbewegung parallel dazu verläuft. – Auch das klingt komplizierter als es ist.

In der Praxis geht es in erster Linie darum, die Schulterachse mit der jeweiligen Bewegungsbahn des Zieles parallel zu halten. Da meine Drehachse rechtwinkelig zu meiner Schulterachse durch meinen Körper verläuft, ist sie allein dadurch schon annähernd richtig eingestellt. Jetzt muss ich nur noch auf die Neigung meines Körpers achten. Da meine Flinte im Anschlag rechtwinkelig zu meiner Körperlängsachse steht, muss ich den Körper entsprechend einrichten, damit die Achslage auch auf die Höhe des Zieles Rücksicht nimmt. Exakter ausgedrückt bedeutet dies Folgendes: Wir versuchen uns eine Ebene vorzustellen, die von zwei Geraden definiert ist, nämlich der Bewegungsbahn des Zieles und der Schulterachse. Diese Ebene durchstoßen wir rechtwinkelig mit unserer Drehachse. Als Merksatz, um meine Drehachse richtig einzustellen, kann man sich einprägen: *„Die Schultern parallel zur Bewegungsbahn des Zieles, und Brust zeigt zum Ziel!“* – Man könnte sich als Gedankenstütze vorstellen, dass auf der Bewegungsbahn des Zieles eine große Grasplatte liegt, die gleichzeitig auch auf den Schultern des Schützen ruht.

Der Satz „Brust zeigt zum Ziel“ darf dabei nicht vergessen werden, gerade weil viele Flintenschützen heutzutage ihre ersten Erfahrungen mit wegfliegenden Zielen auf dem Trapstand machen. Da diese Wurfscheiben unter dem Schützen starten und ihre Flugbahn zumeist auch nicht sehr hoch hinaufgeht, wird der Oberkörper hierbei gerne (zuviel) vorgeneigt. Hat man sich diese Position aber einmal angewöhnt, so ist es schwierig, sich wieder von ihr zu lösen. Dieses Vorneigen ist nämlich oft eine Fehlerquelle. Weder passt so der Anschlag noch die Drehbewegung, da beim Vorneigen die Arme die Flinte ständig nach oben drücken müssen.

Das Vorbeugen

Der umgekehrte Fall, wo der Schütze für die jeweilige Situation zu aufrecht steht, kommt eher selten vor. Das Vorneigen des Körpers brauche ich nur dann, wenn sich das Ziel unter meiner Augenhöhe befindet. Ist das Ziel auf Augenhöhe, dann stehe ich bereits gerade. Sind die Ziele höher, so wird aus dem Vorneigen oder der neutralen Haltung ein Zurückneigen des Oberkörpers. Nur so kann die Flinte im Anschlag stets in der gleichen Position zu Auge, Wange und Schulter bleiben.

In der Praxis merkt man den häufigen Fehler der zu geringen Anpassung der Körperneigung daran, dass im Schuss der Schaft nach unten aus der Schulter gleitet, weil er dort keinen richtigen Widerhalt findet beziehungsweise von der Wange ausgehebelt wird.

Ein zu starkes Vorneigen erkennt man auch daran, wenn die Mündung sofort nach unten fällt, nachdem die Flinte nach dem Schuss von der Wange genommen worden ist. Nur ein Ausfallsschritt nach vorne würde dem Schützen helfen, wieder ins Gleichgewicht zu kommen. Er hat auch gar keine Chance, nach dem Schuss ruhig im Anschlag zu bleiben.

Dies ist ein typisches Beispiel dafür, dass man zuerst die Ursache eines Fehlers erkennen und sie beseitigen muss, damit dann der Fehler als solcher ausgemerzt werden kann. Im Falle eines Patronen-Versagers sind das jene Schützen, die ihre Standposition verlieren und nach vorne aus dem Stand taumeln. Als Erklärung oder Entschuldigung wird oft das Fehlen des Rückstoßes angegeben, dem man vorbeugend entgegenwirken wollte. Die Wahrheit ist jedoch, dass – ob mit oder ohne Rückstoß – die Standposition und die Gewichtsverteilung nicht verändert werden sollen. Stellen Sie sich auch hier einen Boxer vor, der jedes Mal, wenn der Gegner seinem Schlag ausweicht, diesem entgegentaumelt. Er wird nicht lange stehen, und mit der Zeit wird sich sein Rücken so verspannen, dass er selbst vor den Schlägen des Gegners nicht mehr rechtzeitig ausweichen kann.

Ein wenig „wissenschaftlicher“ ausgedrückt: Die Projektion des Gesamtkörperschwerpunktes – Körper und Flinte – muss innerhalb der Standfläche liegen, ansonsten verliert man das Gleichgewicht. Je näher sich dieser Schwerpunkt bei der Drehachse befindet, desto müheloser dreht man sich. Am besten, der Schwerpunkt selbst bewegt sich nicht, weil die Drehachse durch ihn läuft. Je mehr er sich nach vorne verlagert, umso mehr muss der Rücken den Schwerpunkt „halten“ und umso aufwändiger wird die Drehung, da der Schwerpunkt selbst auch eine Bewegung um die Drehachse beschreiben muss.

Sie werden sich vielleicht fragen, was das konkret mit dem Flintenschießen zu tun hat? – Nun, sehr viel sogar, weil die Körperhaltung beim Flintenschießen sehr ähnlich der eines Boxers sein sollte. Nur ist beim Flintenschützen durch die Flinte der Schwerpunkt noch etwas nach vorne verlagert. Die Gefahr, nach vorne wegzutaumeln, entsteht dann, wenn der Körperschwerpunkt in einer Vorwärtsbewegung nur durch den Rückstoß aufgehalten wird, ansonsten aber den ganzen „Baukran“ zum Kippen bringt. Das bedeutet, dass der Schwerpunkt nicht nur neutral und möglichst in der Mitte der Standfläche sein sollte, sondern auch keine Bewegung nach vorne machen sollte – ein häufig zu beobachtender Fehler! Als Folge davon verspannt sich die Rückenmuskulatur zusätzlich, um das Gewicht vorne zu halten, ähnlich einem Seil, das über die Rückseite eines Baukrans nach unten läuft. Sobald aber die Rückenmuskulatur angespannt ist, müssen andere Muskelgruppen, die noch nicht verspannt sind, ihnen eigentlich nicht zugedachte Aufgaben übernehmen – nämlich die Arme! Als Folge davon arbeiten die beteiligten Muskelgruppen nicht miteinander, sondern gegeneinander, tun also etwas, das wir auf jeden Fall vermeiden möchten! In der Praxis sieht dies dann so aus, dass die Arme versuchen, die Flinte in Richtung Ziel zu „werfen“. Von einem kontrollierten Führen der Flinte mit dem ganzen Körper entlang der Bewegungsbahn des Zieles kann also keine Rede mehr sein.

Schon während der Bewegung verlässt der Schaft oft die Wange, in den meisten Fällen bricht der Schuss, ohne dass die Wange den Schaft berührt.

Ein Flintenschütze, der seinen Oberkörper nach vorne neigt, hat selten eine beständige Formkurve. Dies ist auch verständlich, da die Bewegung der Flinte aus einer Art Zwangshaltung und mit den Armen passiert – eine wahre Fundgrube für Fehlerursachen.

Sobald man die Körperposition den Gegebenheiten anpasst und den Schwerpunkt richtig über die Standfläche stellt, kann sich der Rücken entspannen, und die Flinte kann mit dem ganzen Körper bewegt werden. Der Anschlag kann nun während der gesamten Bewegung unverändert bleiben; und damit auch die Position des Auges und natürlich auch die Treffpunktlage. Das Ergebnis wird eine ruhige, flüssige und gleichmäßige Bewegung sein.

Das Stehenbleiben

Erkennt man nun die eigentliche Ursache der eigenen Unbeständigkeit in der Formkurve – das „Vorbeugen" – nicht, und versucht man, nur den augenscheinlichen Fehler in den Griff zu bekommen, so wird sich dieser noch verstärken. Die Schüsse werden zumeist hinten und oben vorbei gehen, weil die Flinte durch die ruckartige Bewegung übertrieben schnell beschleunigt, um das Kippen auszugleichen. Oft wird dabei auch ein bisschen nach oben gehoben, im nächsten Moment aber schon wieder gebremst – das typische „Stehenbleiben". Bekommt der Schütze nun als Information „hinten vorbei", so wird auch dies seinen Fehler verstärken. Warum? – Weil er versuchen wird, noch schneller und noch weiter vor das Ziel zu „rasen", und somit wird seine Bewegung noch ruckartiger. Er wird sichergehen wollen, dass die Flinte weit vor dem Ziel ist, wenn er abzieht. Als Folge wird die Flinte nicht nur stark abgebremst, sondern zusätzlich wird auch noch der Abzug später gezogen.

Nämlich erst, wenn sich der Schütze vergewissert hat, dass er wirklich weit genug vor dem Ziel ist. Ergebnis: Der Schuss geht noch weiter hinten vorbei, da die Flinte steht und der Abzug verzögert ist.

Dieser Fehler verstärkt sich in der Regel so lange, bis man überhaupt keinen Kontakt mehr zum Ziel hat und die Flinte willkürlich irgendwo vor das Ziel hinbewegt und vielleicht hie und da noch zufällig trifft. Solche Glückstreffer werden leider mangels besseren Wissens als Bestätigung genommen, auf dem richtigen Weg zu sein. Obwohl die Flinte eigentlich kaum mehr mitbewegt wird, entstehen solche Treffer eher zufällig durch extremes „Vorhalten". Man ist nur noch bemüht, dieses „Vorhalte-Maß" zu finden, der Bezug zum Ziel geht völlig verloren. Man stochert vor dem Ziel herum, schaut auf die Mündung, um nur ja sicherzugehen, dass das Maß stimmt. Was folgt, ist ein Teufelskreis von Fehlern, in den wohl schon jeder Flintenschütze einmal geraten ist.

Wie schaffe ich es, aus diesem Teufelskreis wieder herauszukommen? – Mein Ziel sollte vorerst sein, meine Position zu normalisieren und meine Bewegung wieder am Ziel auszurichten. Ich werde also versuchen, meine Bewegung wieder an der Flugbahn und Geschwindigkeit des Zieles zu orientieren. Dafür ist es sinnvoll, auf einfachere Ziele umzuschwenken, um mir die Bedingungen zu erleichtern. Auf der Jagd kann man sich ja die leichten Ziele nicht immer aussuchen. Aber wenn ich die Möglichkeit habe, entweder einen weiten Schuss abzugeben oder zu warten, dass zum Beispiel die Enten beim Einfall noch ein oder zwei Kreise ziehen und dann entsprechend näher sind, so wird meine Geduld wahrscheinlich belohnt werden. In der Übungssituation auf dem Wurfscheibenstand heißt es, beherrschbare Bedingungen zu schaffen, indem man die Entfernung zur Taube verringert und einfache Ziele wählt. In der Regel sind dies ankommende Ziele, da diese mehr Zeit zur Bewegungsanpassung bieten.

Gibt es beim Schrotschuss ein Verkanten?

Beim Kugelschuss ist das Verkanten ein häufig vorkommender Fehler – und zwar ein Fehler mit Folgen. Warum? Der Grund ist leicht erklärt: Jede Büchse ist im Zusammenspiel mit dem jeweiligen Projektil und dessen ballistischer Flugkurve auf eine bestimmte Entfernung eingeschossen. Wenn nun die Büchse seitlich verdreht wird, flacht man diese Kurve ab, das Geschoß weicht zur Seite aus, und dadurch entstehen große Abweichungen zur gewünschten und erwarteten Treffpunktlage. Auf große Entfernungen und mit einem langsamen Geschoß, dessen ballistische Kurve klarerweise stärker gebogen ist, sind die Abweichungen besonders auffallend.

Bei einem Schrotschuss sind die Entfernungen naturgemäß kleiner, die ballistische Kurve ist im Wesentlichen ohne Bedeutung. Das Verkanten im herkömmlichen Sinn hat also keinen Einfluss auf die Treffpunktlage des Schrotschusses.

Ganz anders liegen die Dinge allerdings, wenn man beim Schrotschuss jenes Verkanten meint, bei dem in der Anschlaghaltung die Flinte in ihrer Position zum Körper verdreht wird. Der Flintenschaft sollte, wie beschrieben, immer im rechten Winkel zur Schulterachse stehen und bei jeder Bewegung oder Neigung des Körpers diesen Winkel beibehalten. Wenn beim Schrotschuss allerdings der Körper – und damit auch die Schulterachse – geneigt wird und die Flinte diese Bewegung nicht im gleichbleibenden rechten Winkel mitmacht, wirkt sich dies sehr wohl auf die Treffpunktlage aus. Der Grund ist auch hier sehr einfach nachvollziehbar: Die Treffpunktlage verändert sich nicht wie beim Büchsenschuss aus ballistischen Gründen, sondern aufgrund der veränderten Position der Augen. Der mehrfach erwähnte „Basketball“, der auf der Laufmündung sitzt, und die Schrotgarbe und somit auch die Treffpunktlage der Flinte deutlich macht, wird zur Seite gekippt, und die Flinte schießt nicht mehr dorthin, wo das Auge hinblickt, sondern über die seitlich aus dem Blickfeld gekippte Mündung hinweg. Bleibt hingegen der Winkel zwischen Körper und Flinte bei jeder Bewegung konstant, kann auch das Auge weiterhin – durch den „Basketball" hindurch – gerade über die Mündung hinweg das Ziel verfolgen.

Vom Kugelschützen zum Flintenschützen

Viele Schrotschützen haben ihre ersten Schusserfahrungen mit dem Präzisionsschießen, also dem Schuss mit der Büchse, auf sich nicht bewegende Ziele gemacht. Diese Vorerfahrungen sind oft ein großes Hindernis für das Erlernen des Schrotschießens. Mein Lehrweg für einen Präzisionsschützen, der Schrotschießen lernen möchte, sieht daher in den meisten Fällen anders aus, als der für einen völlig unerfahrenen Anfänger. Man will dabei die Vorerfahrungen nützen und die Präzision ja nicht grundsätzlich verlieren, sondern nur die Steuerung der Handlung ändern. Konkret gesagt: Der Präzisionsschütze muss beim Flintenschuss lernen, nur auf das Ziel zu schauen und mehr aus dem Bauch heraus zu agieren.

Die Schuss-Simulation mit einer Pufferpatrone dient hier als hervorragende Trainingshilfe, da man dadurch Neues freier ausprobiert und sich leichter von gewohnten Bewegungsmustern löst. Der Zwang, unbedingt treffen zu wollen, fällt weg, und man kann sich allein auf die richtige Bewegung konzentrieren. Da es hier um Umlernen und nicht um Neulernen geht, ist es außerordentlich wichtig, durchaus etwas radikal Anderes zu probieren, damit sich überhaupt etwas ändern kann. Denn mit nur kleinen Änderungen verfällt man sehr schnell wieder in die gespeicherten Bewegungsmuster zurück. Man muss gewissermaßen umgepolt werden.

Oftmals lasse ich den Flinten-Schüler daher zunächst nur mit dem Zeigefinger die Ziele verfolgen. Dieses Zeigen markiert den richtigen Weg, da man verstehen lernt, dass die Flinte lediglich eine Verlängerung des Zeigefingers darstellt. Wenn ich auf ein Objekt zeige, so schaue ich auf das Objekt, und mein Zeigefinger geht „unangeschaut“ dorthin. Betrachtet man diesen Vorgang genauer, so fällt zusätzlich auf, dass der Finger eigentlich niemals genau auf das Ziel zeigt, sondern immer etwas darunter. Dies deshalb, weil man das Ziel ja sehen möchte und deshalb mit dem Zeigefinger nicht zudecken wird. Hier folgt dann der Querverweis zur Treffpunktlage einer passenden Schrotflinte, deren Garbe ja auch nicht dort liegt, wo das Korn hinzeigt, sondern darüber, wo das Ziel liegt.

Der nächste Schritt besteht darin, mit dem Zeigefinger eine ruhige, wischende Bewegung entlang der Flugbahn des Zieles von hinten nach vorne und durch dieses hindurch zu machen. Dies ist oft die wichtigste Erfahrung für den Präzisionsschützen. Niemals geht es beim Schrotschuss darum, so präzise wie möglich die Mündung beim Ziel zu halten, um dort ein bestimmtes Verhältnis zwischen Ziel und Mündung – das „Vorhalten“ – zu erzeugen. Ganz im Gegenteil, die Aufgabe besteht darin, die Mündung entlang der Bewegungs- beziehungsweise Flugbahn ruhig aber stetig zum Ziel, am Ziel vorbei und vom Ziel wieder weg zu bewegen. Es kommt gar nicht zu einem „am Ziel sein“, man kommt lediglich „am Ziel vorbei“. Genauso wie der Zeigefinger bei dieser Übung, der unter der Bewegungsbahn des Zieles bleibt, weil man das Ziel ja sehen möchte, wird dann auch die Flintenmündung sich bewegen. Die wichtigste Phase und das Hauptaugenmerk bei dieser Übung liegt in der Gleichmäßigkeit der Bewegung. Diese gelingt dann automatisch, wenn man das Hauptaugenmerk wirklich auf das Ziel richtet und den Zeigefinger, oder später die Mündung, als etwas Untergeordnetes und Nebensächliches behandelt. Wenn dies der Fall ist, wird die gleichmäßige Bewegung gelingen, und der Lauf kann „unangeschaut“ weiterschwingen. Das Abziehen wird wie von selbst und gleichsam wie aus einem Reflex heraus passieren, sobald das Unterbewusste wahrnimmt, dass der Lauf am Ziel vorbeikommt. Der Lauf verharrt also niemals in einer bestimmten Position, sondern ist stets in Bewegung, das heißt, er kommt am Ziel vorbei, bleibt aber nie dort.

Einer der häufigsten Fehler in diesem Zusammenhang ist, gleich bei Erscheinen des Zieles so schnell wie möglich zu versuchen, mit der Mündung Kontakt mit diesem aufzunehmen. Man nennt dies „direkt Hinstarten". Dem geht meist die irrige Annahme voraus, dass man dann mehr Zeit habe, die Mündung in das gewünschte Verhältnis – meistens etwas vor das Ziel – zu bringen, um dann dort den Abzug zu ziehen. In der Praxis funktioniert diese Methode mit Sicherheit erst nach Verfeuern des berüchtigten, schon früher einmal angesprochenen Waggons Patronen halbwegs. Der Grund dafür liegt darin, dass dabei zu viele bewusst gesteuerte Vorgänge gleichzeitig ablaufen müssen.

Es ist viel einfacher, auf ein sich bewegendes Objekt nur hinzuzeigen, als dieses genau zu verfolgen. Beim Hinzeigen müssen wir uns optisch nur an dem Objekt orientieren, während beim präzisen Verfolgen stets auch noch die Mündung in das Verhältnis eingebaut werden muss. Resultat davon ist, dass die Bewegung nicht gleichmäßig passiert, sondern eine abgehackte Serie von Kontrollblicken und entsprechenden Korrekturbewegungen herauskommt. Versuchen Sie einmal, eine ankommende Wurftaube „wie mit einem Lasergewehr" ganz genau und präzise zu verfolgen. Sie werden sehen, dass Ihre Bewegung dabei immer wieder langsam wird, um im nächsten Moment ruckartig wieder an das Ziel herangeführt zu werden. Man kann sich optisch einfach nicht auf zwei Dinge gleichzeitig konzentrieren und somit beide kontrollieren!

Oftmals ist es notwendig, eingefahrene Bewegungsvorstellungen und -muster komplett zu umgehen, um überhaupt neue Erfahrungen einfließen lassen zu können. Eine für den Präzisionsschützen – aber nicht nur für diesen – sehr hilfreiche Übung ist der Schuss ohne Anschlag „aus der Hüfte", vorerst natürlich auf ruhende Ziele. Ich benütze zu diesem Zweck Wurfscheiben, die in 10 bis 15 Meter Entfernung auf Augenhöhe an einem

Draht hängen. Die Aufgabe ist nun, die Flinte gedanklich wie eine Taschenlampe auf das jeweilige Ziel auszurichten und abzufeuern. Dabei bleibt der Blick ausschließlich auf dem Ziel, und die Flinte wird nur aus dem Gefühl ausgerichtet, niemals dabei aber angesehen. In den meisten Fällen gelingt es bereits nach wenigen Versuchen, die Ziele verlässlich zu treffen. Die Übung bezweckt es, positive Erfahrungen mit einer intuitiven Zielaufnahme zu machen, eben mehr „aus dem Bauch heraus". So lässt es sich leichter erklären, dass man beim Schrotschuss die Flinte überhaupt nicht sehen muss, um zu treffen. Hat man die Flinte dann sogar im Anschlag, wobei der Schuss eben genau dorthin geht, wo man hinblickt, gilt dies natürlich noch viel mehr. Noch eindrucksvoller sind die Erfahrungen natürlich, wenn es in der Folge gelingt, sogar die eine oder andere fliegende Wurfscheibe „aus der Hüfte" zu treffen. Aber auch ohne den Treffererfolg wird ein Großteil des Übungszweckes erreicht, nämlich die konsequente Ausrichtung auf das Ziel und das intuitive Mit- bzw. Hinbewegen des gesamten Körpers und damit auch der Flinte. Auch ohne bestechende Trefferquote kann man so die notwendige „Umpolung" erreichen. Im Wesentlichen geht es darum, ein Vertrauen herzustellen, dass der Schuss dorthin gehen wird, wohin man mit seiner ganzen Aufmerksamkeit schaut. Unter diesen Voraussetzungen funktioniert schließlich auch das Abziehen im richtigen Moment, da es unterbewusst und reflexartig passiert. Folgt nun auch noch ein gleichmäßiger Ausschwung während und nach der Schussabgabe, bei dem sich die Mündung auch vom Ziel entfernt, kann eigentlich nichts mehr schiefgehen.

Der Schuss auf den Hasen

Gleichgültig ob Feldhase, Kaninchen oder auch Rollhase – der Schrotschuss auf „ground game", wie es die Engländer nennen, ist im Wesentlichen mit dem Schuss auf Flugwild oder Wurfscheiben vergleichbar, und es gelten dieselben Grundsätze, über die wir bisher gesprochen haben. Auch bei diesen Wildarten sollte also das Auge immer auf das Ziel gerichtet sein, und der Lauf darf das Ziel nicht abdecken. Der Unterschied ist lediglich, dass sich der Aktionswinkel beim „ground game" auf unterhalb des Horizontes reduziert, was eine Vereinfachung darstellt, da die Ziele sich nur mehr auf der zweidimensionalen Standebene bewegen und nicht mehr im dreidimensionalen Himmel. Im Gegensatz zum Schuss auf Flugwild, wo die Körperhaltung beziehungsweise der Oberkörper für zum Teil extreme Aktionswinkel über dem Horizont bis steil nach oben vorbereitet werden muss, bleibt man nun aufrecht stehen, mitunter vielleicht etwas vorgeneigt.

Erfahrungsgemäß wird allerdings der Hochschuss der Flugwildflinte, den man bei Schüssen über dem Horizont als passend einstuft, unter dem Horizont – auf Hasenjagden – etwas stärker empfunden. Fehlschüsse gehen daher eher über als unter das Ziel. Für reine Hasenjagden würde sich daher traditionellerweise auch die alte, möglicherweise vom Großvater oder vom Onkel geerbte Querflinte mit einem vergleichsweise niedrigen Schaft eignen, mit der man auf reinen Flugwildjagden weniger gut zurechtkommt. Auch hier sei allerdings nochmals gesagt, dass man mit einer heutigen Standardflinte mit ihren genormten Schaftmaßen mit Sicherheit auch für reine Hasenjagden bestens gerüstet ist.

Was ist also beim Schuss auf den Hasen zu beachten? Eine Situation, die bei Flugwild praktisch nie vorkommt, ist, wenn das Ziel – der Hase – am Boden geradewegs auf einen zukommt und sich in der Perspektive praktisch „nach unten" bewegt. Der Normalfall beim Flugwild ist ja genau umgekehrt: Das Ziel bewegt sich in der Regel „nach oben", was für den „eingebauten Hochschuss" bei der Flinte ja von Vorteil ist. Beim Schuss gegen den Boden muss man also diesen Hochschuss berücksichtigen. Einfache Merkregel dazu: *„Den ankommenden Hasen auf die Läufe schießen, den weglaufenden Hasen auf die Löffel."*

Auf den Jäger zu kommender Hase.

Merkspruch:
„Den ankommenden Hasen auf die Läufe schießen,
den weglaufenden Hasen auf die Löffel.“

Wichtiger als alle schießtechnischen Überlegungen beim Schuss auf laufendes Wild sind allerdings immer die Überlegungen zum Thema „Sicherheit“. Anders als bei den Flugwildjagden – also bei Schüssen über den Horizont – besteht dabei stets die Möglichkeit, jemanden direkt zu beschießen und auch eine erhöhte Gellergefahr. Welche Grundregeln müssen daher immer eingehalten werden? Für mich stechen folgende drei Regeln über alle anderen „normalen“ Sicherheitsmaßnahmen heraus:

- Lieber einen Hasen laufen lassen, als einen unbedachten, gefährlichen Schuss abgeben!
- Niemals „durchlinieren“, also im Anschlag einen Hasen verfolgen, der gerade durch die Schützen- oder Treiberlinie läuft! Ein derartiges Verhalten eines Nachbarschützen ist auf alle Fälle sofort zu beanstanden und nicht aus falsch verstandener Höflichkeit zu ignorieren.
- Die Position der anderen Jagdteilnehmer muss stets im Auge behalten werden und der eigene mögliche Aktionsradius darauf abgestimmt werden. In der Regel ist dieser gegenüber Flugwildjagden wesentlich geringer!

Im Allgemeinen erfordert das Schießen auf laufendes Wild nicht nur mehr Übersicht, sondern auch mehr Erfahrung und Fingerspitzengefühl, die man sich nur in der Praxis aneignen kann. Wenn man nicht das Glück gehabt hat, mit dieser Jagdart von Kindesbeinen an aufzuwachsen, empfiehlt es sich zumindest, einen erfahrenen Jäger bei solchen Gelegenheiten zu begleiten und ihm über die Schulter zu schauen, bevor man selbst zur Flinte greift. Eine andere Möglichkeit: Zunächst als Treiber an Gesellschaftsjagden teilzunehmen, um so in Ruhe seine ersten Erfahrungen mit Wild und Jagdart sammeln zu können – mit besonderer Empfehlung an unsere hoffnungsvollen Jungjäger!

3

Auf der Jagd

Sicherheit geht über alles!

Die wichtigste und gleichzeitig einfachste Verhaltensmaßregel lautet: Behandle eine Schusswaffe immer so, als sei sie geladen und entsichert! Beherzigt man diese Regel bei der Handhabung einer Flinte, entgeht man schon von vornherein vielen Situationen, die sonst unangenehm oder gar gefährlich werden können.

Wie oft hört man, nachdem man einen geschlossenen Flintenlauf mündungsseitig präsentiert bekommen hat, die Flinte sei ohnehin entladen. Wie beruhigend für den, der die Flinte in Händen hält! Aber der, auf den sie zeigt, wird zumindest ein mulmiges Gefühl nicht verleugnen können. Blankes Entsetzen darf einem allerdings in jenem Fall ins Gesicht treten, wenn dabei beruhigend hinzugefügt wird, die Flinte sei ohnehin gesichert. – Ein für allemal: Die Sicherung auf einer Schrotflinte bietet keine hundertprozentige Sicherheit! Es sind bereits so viele unerklärliche Unfälle mit gesicherten Flinten passiert, dass man nicht einmal von einer „Sicherung“ sprechen sollte. Das heißt, der Sicherungsschieber auf dem Kolbenhals – oder wo auch immer – „sichert“ und „entsichert“ eine Schrotflinte nicht. Er ist bestenfalls lästig, weil man manchmal vergisst, ihn vor der Schussabgabe zu betätigen. Die einzige Sicherung einer Schrotflinte ist, diese zu brechen oder den Verschluss zu öffnen. Sobald eine Flinte geschlossen wird – ob geladen oder ungeladen ist völlig nebensächlich – wird sie niemals mehr in eine Richtung bewegt, wo sie eine Gefährdung darstellen könnte. So einfach ist die sichere Handhabung einer Flinte!

Der Schießstand als Vorbereitung für die Jagd

Früher hat man sich die nötige Übung für die Jagd auf der Jagd aneignen können. Nicht wie bei so vielen (Jung-)Jägern heute, für die der Schrotschuss ein – manchmal im wahrsten Sinne des Wortes – einzigartiges Erlebnis im Jagdjahr darstellt. Ein engagierter Jäger von früher hatte von September an die Gelegenheit, regelmäßig, meist Wochenende für Wochenende, oft auch noch häufiger, diese wunderschöne Jagd auszuüben. Eine Vorbereitung auf dem Wurfscheibenstand war damals die Ausnahme. Die Devise lautete „learning by doing". – Heute sind diese Jagdgelegenheiten eher rar, in den seltensten Fällen kann man sich die für einen zuverlässigen Flintenschuss notwendige Übung draußen im Revier aneignen. Das Wurfscheibenschießen ist daher für viele Flintenschützen ein wertvolles Mittel zum Zweck, um sich für die Jagd vorzubereiten. Es stellt sich daher die Frage, welche Disziplinen oder Situationen sich dafür am besten eignen.

Bei der Jungjägerprüfung etwa wird in den meisten Bundesländern ein bestimmtes Trefferergebnis auf gerade vom Schützen wegfliegende Wurfscheiben verlangt, die sogenannte „gerade Traptaube". Dies scheint noch aus einer Zeit zu rühren, als das Rebhuhn stark verbreitet war. Das abstreichende Huhn über dem Vorstehhund war somit des Jägers „täglich Brot", und dafür war die gerade Traptaube als Vorbereitung geeignet. Leider haben sich die Zeiten gewandelt, und Rebhühner sind eine Seltenheit geworden – und damit auch der Schuss auf ein flach vom Schützen wegstreichendes Ziel. Heute ist hierzulande die Ente unsere Hauptwildart geworden, von ein paar Hasen und Fasanen im Herbst und Winter abgesehen. Aus meiner Sicht sollte man daher auch bei der Jungjägerausbildung und -prüfung auf die neuen Rahmenbedingungen reagieren und den Flintenschuss auf querstreichende und ankommende Ziele miteinbeziehen. Die abstreichende gerade Traptaube ist nur eine kleine Variante des breiten Spektrums der möglichen Schrotschuss-Situationen. Diese Variante als einzige Vorbereitung des jägerischen Nachwuchses

Treibjagdstimmung.

Die notwendige Übung im Flintenschießen hat sich der Jäger dabei vorher auf dem Schießstand geholt.

auf die Praxis erinnert ein wenig an einen Tennistrainer, der dem Anfänger als Vorbereitung für sein erstes Turnier ausschließlich den Aufschlag beibringt.

Dabei bieten der Skeet-Stand und vor allem der Jagdparcours ausreichend Möglichkeiten, praxisnahe Situationen „nachzuspielen“. Ich behaupte sogar, dass durch die Kenntnis mehrerer Disziplinen die leider weit verbreitete Schwellenangst vor dem Wurfscheibenstand abgebaut werden könnte. Immer wieder höre ich von Jungjägern nach der Prüfung sinngemäß die folgende Aussage: *„Meine drei Traptauben habe ich nun endlich getroffen, aber auf den Wurfscheibenstand bringen mich keine zehn Pferde mehr!“* – Eigentlich sehr schade, weil der Spaß für den Flintenschützen erst dann richtig losgeht. Gerade in unseren Zeiten, in denen die Jagd aus mannigfachen Gründen nicht mehr bedenkenlos „aus dem Vollen“ schöpfen kann, bietet sich der Schießstand an, um sich jene Routine anzueignen, die einen guten Flintenschützen auszeichnet. Im Speziellen kann dabei der Jagdparcours als Simulation für die Jagd auf verschiedenes Wild gute Dienste leisten. Und: Es ist erstaunlich, wie wenig Unterschied oft zwischen dem „Erfolgserlebnis“ liegt, eine Tontaube statt eines Fasans sauber getroffen zu haben.

Diese Erfahrung habe ich vor allem mit dem sogenannten „simulierten Treiben“ gemacht, bei welchem die Situation eines Vorstehtreibens als Vorbild genommen wird. Ich veranstalte dies zumeist mit drei Schützen, denen 4 bis 6 Wurfmaschinen gegenüberstehen. Je nach Gelände oder nach Ausstattung – etwa mit entsprechenden Türmen für die Wurfmaschinen – kann man dabei nahezu alles simulieren. Vom eher flach anfliegenden Rebhuhn bis zum hoch streichenden Fasan. Die Situationen lassen sich dabei sehr verschiedenartig gestalten. Und auch die Läufe können dabei richtig heiß geschossen werden. Auch diese Spielart des Flintenschießens kommt aus England, wo viele Firmen, die früher für ihre Kunden sogar getriebene Fasanjagden veranstaltet haben, nun diese simulierte Jagd bevorzugen.

Jagdarten auf Niederwild

Nachfolgend möchte ich kurz die charakteristischen Jagdarten erläutern, die sich hierzulande einem Flintenschützen bieten. Die grundsätzliche Unterscheidung bei diesen Jagden ist, dass das Wild entweder bei seiner natürlichen Bewegung erwartet wird, wie beim Enten- oder Schnepfenstrich, oder es aufgestöbert und getrieben wird.

Bei den Jagdarten, bei denen das Wild getrieben wird, unterscheidet man, ob das Wild vom Jäger selbst oder mit Hilfe eines Vorsteh- oder Stöberhundes hochgemacht wird. Handelt es sich um einen einzelnen Jäger oder eine kleine Gruppe, dann nennt man diese Jagdart „Buschieren“. Nehmen an einer solchen Jagd eine größere Zahl Schützen und Treiber in organisierter Form teil, so nennt man dies je nach Organisationsform entweder „Feldstreife“ oder „Kreisjagd“. Eine dritte Spielart der getriebenen Jagd ist das „Vorstehtreiben“, wobei dies auch in Kombination mit dem Buschieren beziehungsweise der Streife und der Kreisjagd stattfinden kann. Dabei stehen die Schützen – oder auch nur ein ausgewählter Teil davon – an bestimmten Positionen vor und haben die Aufgabe, das von der Treiberwehr (beim reinen Vorstehtreiben) oder den anderen Jagdteilnehmern aufgestöberte und ihnen zugetriebene Wild zu erlegen. Vielerorts wird heutzutage auch auf getriebene Enten gejagt. Bei dieser Jagdart wird die Wasserfläche umstellt und in der erwarteten Hauptausflugrichtung vorgestellt, um erst dann die Enten auszutreiben. Vor allem bei wirklich „wilden“ Enten passiert es aber des öfteren, dass die Enten in einem unerwarteten Moment oder gänzlich in die falsche Richtung ausfliegen, weil man zu unvorsichtig und laut war.

Bei allen beschriebenen Jagdarten ist die richtige und genaue Strategie entscheidend. Windrichtung und Sonnenstand müssen berücksichtigt werden, da das Wild ungern gegen den Wind oder in die Sonne hinein flüchtet. Mindestens ebenso entscheidend ist auch ein nahezu lautloses Vorgehen. Gerade der „wilde“ Fasan flüchtet schon hunderte Meter vor einer Jagdgruppe, wenn diese sich unvorsichtig und lärmend im Revier bewegt. Das vielerorts übliche laute Geschrei der Treiber ist oft gar nicht notwendig. Eine gut organisierte Treiberwehr, die mit dem Treiberstock auf Büsche und Bäume klopft, langsam vor geht und von ein paar Stöberhunden unterstützt wird, ist im Aufstöbern des Wildes wirksamer als eine zwar laute, aber desorganisierte Treiberwehr.

Gefahrensituationen bei Treibjagden

An dieser Stelle möchte ich – aufgrund der entscheidenden Bedeutung dieses Themas – ein drittes und letztes Mal auf die Sicherheit zurückkommen. Diesmal werde ich beispielhaft die eine oder andere Situation auf einer Treibjagd herausgreifen. Grundsätzlich ist jeder Schütze für jeden seiner abgegebenen Schüsse zu hundert Prozent verantwortlich. Sobald eine Jagd in Form einer Gesellschaftsjagd – oder auch nur mit ein paar Freunden – stattfindet, muss jeder Einzelne noch aufmerksamer sein, als wenn er alleine jagt. Es gibt dabei ein paar Grundsätze, die immer einzuhalten sind.

Bei jeder Zusammenkunft ist der Verschluss einer Flinte zu öffnen, was in der Regel bedeutet, die Waffe zu brechen. Im Normalfall werden dabei auch die Patronen aus dem Lauf entfernt. Dasselbe gilt beim Überwinden von Hindernissen und beim Besteigen von Fahrzeugen jeglicher Art.

Ich beginne der Einfachheit halber mit dem Vorstehtreiben. Die Flinte wird erst dann am Stand geladen, wenn man sich mit den Gegebenheiten vertraut gemacht hat. Oft wird zusätzlich der Trieb auch noch angeblasen, dann ist unbedingt mit der Schussabgabe auf dieses Signal zu warten. Beim Vorstehtreiben darf ein Schütze seinen Stand unter keinen Umständen während das Treibens verlassen. Es können Hundeführer hinter der Schützenlinie postiert sein beziehungsweise auch vor einem im Trieb, sogenannte „Auswehrer“, die das Wild daran hindern sollen, abseits der Schützenlinie durchzubrechen. Hundeführer und „Auswehrer“ können dabei auch durchaus an nicht einsehbaren Stellen stehen. All das muss genau berücksichtigt werden, bevor man sich zur Abgabe eines Schusses entschließt. Nicht einsehbare Bereiche werden selbstverständlich von vornherein als mögliche Schussrichtung ausgeschlossen. Zur Vorbereitung beim Standtreiben gehört es auch, Unebenheiten auf dem Stand auszugleichen, damit man eine sichere Position und Bewegungsfreiheit in alle Richtungen hat. Auf einem gefrorenen grobscholligen Acker kann diese Vorbereitung schon ein paar Minuten dauern. Diese Zeit ist aber sinnvoll eingesetzt, da einem dabei einerseits warm wird und man aus einer ebenen Standposition eine wesentlich bessere Trefferausbeute haben wird.

Bei einer reinen Flugwildjagd ist es noch ziemlich einfach. Hält man sich an die Faustregel, keine Schüsse in einem Winkel unter 45 Grad abzugeben, ist man auf der sicheren Seite, sofern das Gelände eher eben ist. Die Schüsse gehen dann allesamt gegen den Himmel. Nicht ausschließen kann man jedoch jene Gellergefahr, die von Bäumen im Schussfeld ausgeht. Vor allem unter kalten, winterlichen Bedingungen kann ein Schrotkorn von einem gefrorenen Ast in eine völlig unerwartete Richtung abgelenkt werden. Da solch „verirrte“ Schrotkörner in der Vergangenheit schon so manches Mal massive Augenverletzungen verursacht haben, ist das Tragen einer Brille auf jeden Fall zu empfehlen.

Werden beim Vorstehtreiben außer Flugwild auch Hasen, Kaninchen oder Raubwild bejagt, muss mit noch mehr Übersicht und Vorsicht vorgegangen werden. Es zahlt sich aus, auf dem Stand die möglichen Situationen in Gedanken durchzuspielen. Dabei kann man nämlich genau festlegen, welcher Bereich einen sicheren Schuss erlaubt und welche Bereiche absolut tabu sind. Im Zweifelsfall muss der Finger natürlich gerade bleiben. Vor allem prägt man sich im Kopf bereits ein, wohin man sich beim

Sicherer Umgang mit der Flinte:

Beim Schließen des Gewehrs liegt der Schaft unter dem Oberarm, der Lauf zeigt gegen den Boden.

Auch nach dem Schließen des Gewehrs bleibt der Lauf auf den Boden gerichtet. Und auch jetzt liegt der Schaft unter dem Oberarm.

Anschlag der Flinte orientieren wird, um ein „Durchlinieren“ auf jeden Fall zu vermeiden. Wechselt nun Wild aus einer bestimmten Richtung an, dann weiß man im Vorhinein, ob es beschossen werden kann oder nicht.

Auf dem Stand ist die Flinte stets entweder gegen den Boden oder – noch besser – gegen den Himmel zu halten. Kommen im Verlauf der Jagd die Treiber in den Gefahrenbereich vor dem Schützen, ist noch mehr Sorgfalt angesagt.

Dies gilt im Besonderen auch für das Laden und Entladen der Flinte. Beides geschieht mit zu Boden gerichteten Läufen. So manche Flinte ist schon beim Laden losgegangen, da die Erschütterung beim Zuklappen bei jeder Flinte einen Schuss auslösen kann. Oft sind auch kalte, gefühllose Finger oder dicke Handschuhe schuld daran. Zeigt die Flinte in diesem Augenblick nach unten, kann zumindest nicht viel passieren – außer vielleicht ein großer Schreck bei allen Beteiligten.

Was ist beim Buschieren und der Kreis- oder Feldjagd darüber hinaus zu beachten, da man ja selbst – und auch alle anderen Jagdteilnehmer – ständig in Bewegung ist?

Beim Gehen mit einer geladenen Flinte in der Hand zeigt der Lauf auch entweder zu Boden oder gegen den Himmel. Viele routinierte Jäger tragen die Flinte auch am Riemen über die Schulter und nehmen sie erst in die Hand, wenn eine Schussabgabe zu erwarten ist. Bewundernswert ist oft die Geschwindigkeit, mit der die Flinte, gerade noch an der Schulter baumelnd, in Anschlag gebracht und ein urplötzlich aus der Sasse aufgescheuchter Hase erlegt wird.

Der buschierende oder streifende Schütze muss zu jeder Zeit einen genauen Überblick haben, wo die anderen Jagdteilnehmer sind und wo daher die Gefahrenzonen sind. Diese können aber von Schritt zu Schritt wechseln. Gerade diese Übersicht kann ein unerfahrener Jäger noch nicht haben. Dazu kommt noch die Aufregung, vielleicht das erste Mal überhaupt auf eine Gesellschaftsjagd eingeladen zu sein und nichts falsch machen zu wollen. Aber gleichzeitig gilt auch hier der bewährte Spruch: *„Alter schützt vor Torheit nicht!"* – Nicht jeder langgeübte und offenbar routinierte Jäger kann auch als Vorbild dienen. Es ist also keine Anmaßung, wenn ein durch die Prüfungsvorbereitung „gedrillter" Jungjäger auch einmal einen älteren Jäger auf Fehler aufmerksam macht, bei welchem über die Jahre vielleicht eine gewisse Betriebsblindheit und Nachlässigkeit entstanden ist. Immerhin geht es ja um die Gefährdung von Menschenleben. Gar nicht so selten, wie man meint, beobachtet man einen sorglosen Umgang mit einer geladenen Flinte, oft unter dem Hinweis, dass diese doch ohnehin gesichert sei. Wir wissen es aber längst: Die „Sicherung" einer Flinte ist keine Sicherheit! Eine geschlossene Flinte muss immer so gehandhabt werden, als sei sie schussbereit! Und erst recht eine geladene!

Bei Gesellschaftsjagden ist es die Aufgabe, die Verantwortung und das vorrangige Interesse des Jagdleiters, auf einen sicheren Umgang und Gebrauch der Waffe aufmerksam zu machen und dies auch zu beobachten und notfalls zu sanktionieren. Er wird seine Beobachtung – oder auch die Beobachtung anderer – dem Betreffenden vorerst unter vier Augen zur Kenntnis bringen. Sehr schwere oder wiederholte Vergehen gegen die Sicherheitsbestimmungen müssen und werden auch mit einem sofortigen Ausschluss von der Jagd geahndet. Der Jagdleiter ist für die Einhaltung der notwendigen Sicherheitsvorkehrungen verantwortlich und macht sich selbst strafbar, wenn er diese nicht einhält oder überwacht – und damit das Leben anderer Jagdteilnehmer gefährdet.

In einer kleinen Gruppe und unter Freunden wird man den Betreffenden wohl auch beiseite nehmen und ihn zuerst unter vier Augen auf den Fehler aufmerksam machen und gleichzeitig bitten, etwas mehr Sorgfalt walten zu lassen. Wie sehr man sich in einer Situation gefährdet fühlt, wird individuell ganz unterschiedlich wahrgenommen. Und eine Entschuldigung des Verursachers ist daher auch dann angebracht, wenn dieser den Hinweis als nicht gerechtfertigt ansehen sollte.

Im Idealfall wird ein solcher Vorfall für den Betreffenden auch Anlass sein, in Zukunft durch noch mehr Vorsicht über jeden Zweifel – und damit auch über mögliche Anschuldigungen – erhaben zu sein.

Mit dem Hund auf der Jagd

Ein Buch über die Jagd und das Schießen mit der Flinte wäre nicht vollständig, ohne ein Wort zum Führen von Hunden. Gerade die Niederwildjagd ist auf das Zusammenspiel zwischen Jäger und Hund angewiesen. Gute Hundearbeit ist eine Passion

Apport.

Niederwildjagd ohne Hund – undenkbar!

für sich. Es gibt Gegenden, da sind Jäger oft reine Hundeführer; andere jagdliche Unternehmungen interessieren sie nicht. Bei uns ist das anders: Da ist der Jäger häufig beides gleichzeitig: Jäger *und* Hundeführer.

Ein gut abgerichteter Jagdhund wird mit leisen Kommandos dirigiert, während er seine Arbeit macht. Er braucht keine Leine, reviert in gleichmäßigem Tempo und Abstand vor dem Jäger hin und her, oder tritt nur dann in Aktion, wenn dazu ausdrücklich der Befehl gegeben worden ist. Es ist immer ein Erlebnis, eine perfekte Zusammenarbeit von Jäger und Jagdhund zu sehen. Die Mehrzahl der Jagdhunde sind allerdings nicht so perfekt ausgebildet und benötigt bei einer Jagd deutlich mehr Aufmerksamkeit durch den Jäger. Sobald dies der Fall ist, sollte man sich entscheiden, ob man bei einer Jagd als Jäger oder als Hundführer teilnimmt. Beides gleichzeitig ist oft nicht nur unpraktisch und wenig zielführend, sondern auch gefährlich. Ein Jagdhund, der jedes Mal wild an der Leine zerrt, wenn er ein Stück Wild wittert oder sein Besitzer einen Schuss abgibt, ist nicht nur sehr lästig, sondern auch gefährlich für die anderen Jagdteilnehmer. Oder besser ausgedrückt: Nicht der Hund ist für die anderen Jäger gefährlich, sondern sein Herrl.

Bei einem reinen Standtreiben kann man den Hund zumindest an einer bedenkenlosen Stelle anleinen. Dafür gibt es sogar eigens gefertigte korkenzieherartige Erdhaken.

Beim Buschieren oder auf einer Kreis- oder Feldjagd aber ist das Führen eines unfolgsamen Hundes nicht mit einer gleichzeitigen Teilnahme an der Jagd als Schütze vereinbar. Entweder nimmt man dann einen Begleiter mit, der als Hundeführer fungiert, oder die Flinte bleibt eben zu Hause und man konzentriert sich völlig auf die Hundearbeit. Wenn man sich für Letzteres entscheidet, hat dies zusätzlich den Vorteil, dass am besten auf die Ausbildung des Hundes eingegangen werden kann, und der Weg zu einem mehr als brauchbaren Jagdhelfer steht sperrangelweit offen.

4

Pflege

Bei der Waffenpflege gibt es keine Geheimnisse oder Wundermittel. Betrachten wir diese daher der Einfachheit halber als Reinigung und Pflege von Metall und Holz. Bei der Reinigung geht es um die Entfernung aller sichtbaren Verschmutzungen und sämtlicher Feuchtigkeit. Bei der Pflege geht es um das Aufbringen eines Ölfilmes auf alle Metallteile. Im Gelenkbereich zwischen Lauf und System sollen die sich gegeneinander bewegenden Metallteile punktuell zusätzlich mit einem speziellen Waffenfett versehen werden, für die anderen beweglichen Teile, wie etwa Ejektoren, verwendet man die üblichen dünnflüssigen Waffensprays oder Waffenöle.

Das Holz ist bei vielen modernen Flinten mit einer schützenden Lackschicht versehen. Einen ölgeschliffenen Schaft reinigt man vorerst von allen Verschmutzungen und pflegt ihn mit einem Schaftöl, das mit einem getränkten Tuch aufgetragen und reibend verteilt wird. Danach kann der Schaft poliert werden.

Feuchtigkeit und Korrosion

Der größte Feind der Flinte ist die Feuchtigkeit beziehungsweise die nachfolgende Korrosion. Ist eine Flinte einmal nass geworden, muss sämtliche Feuchtigkeit so bald wie möglich entfernt werden, um ein Anrosten zu vermeiden. Wichtig ist dabei, dass unbedingt auch das Futteral oder der Koffer gut getrocknet wird, damit die dort gespeicherte Feuchtigkeit nicht nachträglich wieder auf die trockene Flinte gerät. Für längere Verwahrungszeiten ist es darüber hinaus ratsam, eine Flinte aus dem Koffer oder Futteral zu nehmen und sie in zusammengebautem Zustand in einem Waffenschrank aufzubewahren. Die Luftfeuchtigkeit allein reicht oft aus, um durch den engen Kontakt von Metall und Behältnis ein Anrosten zu verursachen. Ein weiterer Feind der Flinte ist der Staub oder auch feiner Sand. Deshalb macht es durchaus Sinn, verschmutzte Öl- und Fettreste auf der Flinte regelmäßig mit einem speziellen Lösungsmittel gründlich zu entfernen und danach mit einem neuen Schutzfilm zu versehen.

Blei- und Pulverrückstände

Erst in dritter Linie geht es um die Reinigung von Rückständen des Schusses, also um Blei und Pulver. Das Blei ist im Flintenlauf bei den modernen Patronen, von denen viele ja einen sogenannten Becherpfropfen aus Kunststoff haben, weniger das Problem als interessanterweise der Kunststoffabrieb des Zwischenmittels. Die modernen Pulver und auch Treibgase des Zündhütchens verbrennen nahezu rückstandsfrei. Nach normalem Gebrauch genügt es bei Zeitmangel daher auch, den Ölfilm mit einem öligen Tuch beziehungsweise einem Waffenspray zu erneuern. Der Spray hat den Vorteil, dass mit ihm auch unzugängliche Stellen und das Innere der Läufe gut erreicht werden können. Auf diese schnelle Weise konserviert, entsteht bei der Flinte mit Sicherheit kein Schaden mehr. Für eine gründliche Reinigung braucht man etwas mehr Zeit, doch können hier die Intervalle auch größer sein.

Viele moderne Flinten haben sogenannte Wechsel- oder Mobil-Chokes. Im Normalfall werden diese aber kaum einmal gewechselt. Nur bei der Reinigung ist es ratsam, diese ab und zu herauszunehmen, um auch die Gewinde vorsichtig reinigen zu können. Mit einem Tropfen Öl versehen, erfolgt der Wechsel nämlich sehr viel einfacher. Choke-Einsätze müssen jedoch unbedingt fest angezogen werden, was man vor jedem Gebrauch einer Flinte kontrollieren sollte. Ebenfalls wichtig: Eine Flinte mit Wechselchoke darf niemals ohne Choke-Einsatz abgefeuert werden!

Grundausstattung für die Waffenreinigung und Pflege

Meine Grundausrüstung für die Waffenreinigung und Pflege besteht aus mehreren Putzstöcken, die fix mit Messingbürsten und Halterungen für Reinigungstücher – meist alte Stoff-Fetzen – versehen sind. Außerdem verwende ich einen Universalputzstock für den „Schnelldurchgang“. Dieser Putzstock ist auf der ganzen Länge rundherum mit einem haarigen, ölgetränkten Plüschgewebe versehen. Nach dem Durchwischen der Läufe sind diese im Normalfall wie poliert. Praktischerweise lässt sich dieser Putzstock sowohl für Kaliber 12 wie auch für Kaliber 20 verwenden.

Wertvolle Dienste leisten mir auch ein paar ausgediente Zahnbürsten.

Verschiedene Waffensprays und Öle in Fläschchenform, eine Küchenrolle, eine Auswahl von Stoff-Fetzen, mehr oder weniger ölgetränkt, sowie ein altes Teppichquadrat komplettieren meine Grundausstattung. Handelsübliche rostlösende Universalsprays eignen sich zumeist nicht gut als Waffenpflegemittel, da bei vielen die Lösungsmittel mit der Zeit verdampfen und sich die gelösten Rückstände oft verfestigen und verkleben.

Vorgangsweise bei der Reinigung

Zur rein äußerlichen Reinigung einer nassen oder stark verschmutzen Flinte verwende ich vorerst die Küchenrolle. Eine Zahnbürste dient dazu, Verschmutzungen aus der Fischhaut zu entfernen. Danach wird die Flinte zerlegt, und mit der Küchenrolle werden alle Verschmutzungen und Öl- und Fettspuren an Lauf, System und Vorderschaft gründlich entfernt. Als nächstes kommen ein Textiltuch und eine weitere Zahnbürste zum Einsatz, mit der man die weniger gut zugänglichen Stellen erreichen und reinigen kann. Dann wird der Vorderschaft auf den Lauf gesteckt. Nun kann der Lauf innen mit einem der textilbestückten Putzstöcke getrocknet und von den gröbsten Verschmutzungen befreit werden. Wichtig beim Reinigen des Laufes ist, dass man stets vom Lager zur Mündung arbeitet, um nicht den Schmutz zu den Ejektoren zu transportieren. Man stellt den Lauf daher am besten auf eine Unterlage – in meinem Fall ein Teppichstück oder auch eine Gummimatte – und arbeitet sich vom Lager hin- und herreibend zur Mündung vor. Zum Schluss hebt man den Lauf an und schiebt den Putzstock nach unten durch. Dieselbe Vorgangsweise gilt auch bei der Verwendung von Messingbürstchen, sofern man Blei- oder Kunststoffrückstände entfernen möchte. Zur Kontrolle kann man danach am Laufende ein weißes Blatt Papier unterlegen, um beim Durchsehen das Laufinnere heller und somit genauer erkennen zu können. Zum Abschluss zieht man den Lauf mit einem Putzstock durch, auf dem ein ölgetränkter Textilstreifen montiert ist. Dadurch erhält der Lauf einen schützenden Ölfilm.

Nun werden auch noch alle Metallteile mit Hilfe eines Sprays beziehungsweise ölgetränkten Tuches mit einem Ölfilm versehen. Die Gelenkpunkte mit der meisten Belastung erhalten zur Schmierung zusätzlich noch einen Tropfen Waffenfett.

Nach dieser Prozedur kann die Flinte wieder komplett zusammengebaut und in den Waffenschrank gestellt werden, wobei man die letzten Fingerabdrücke noch mit dem Öltuch wegwischt. So versorgt, wird sie beim nächsten Herausnehmen ihrem Besitzer wieder uneingeschränkt Freude bereiten.

5

Ausschwung

Immer wieder werde ich gefragt, wie ich zum Flintenschießen gekommen sei. Nun, ganz einfach: Ich bin von klein auf mit Flinten aufgewachsen, in unserer Familie war das Flintenschießen sozusagen eine Familienkrankheit.

Mein Vater, László Szápáry, war ein legendärer Flintenschütze. Seine sportliche Laufbahn verlief spektakulär: zwölf Mal Staatsmeister, einmal Europameister und drei Teilnahmen an Olympischen Spielen. Noch mit achtzig nahm er an Europameisterschaften teil, seine letzte Staatsmeisterschaft bestritt er im unglaublichen Alter von 88 Jahren. Doch anders als viele seiner „Sportskollegen" ist er auch immer ein begeisterter und leidenschaftlicher Jäger gewesen. Stets war er ein sehr beliebter und durch seine Schießkunst auch hoch angesehener Gast bei den besten Treibjagden in ganz Europa mit ihren für heutige Verhältnisse unvorstellbar hohen, natürlich gewachsenen Strecken. Ich erinnere mich noch sehr genau, wie man mir fassungslos von seinen „Heldentaten" berichtete, etwa von sechs oder sieben Hühnern, die er aus einer einzigen Kette erlegte. Bezeichnend, fast symbolhaft war der Todestag meines Vaters: Nachdem er auf dem Schießplatz noch eine beachtliche Zahl an Wurftauben vom Himmel geholt hatte, schlief er friedlich vor dem Fernseher ein, als er gerade die Tour de France verfolgte …

Mit diesen „Genen" ausgestattet, war mein Weg vorgezeichnet: Die Jagdpassion wurde mir in die Wiege gelegt; doch auch der sportliche Wettkampf weckte mein Interesse. Schon als Teenager bestritt ich erste internationale Turniere, an den Wochenenden zu Hause, wenn ich vom Internat kam, verbrachte ich die meiste Zeit auf dem Schießplatz. Höhepunkte meiner eigenen sportlichen Laufbahn war international gesehen die Teilnahme an den Olympischen Spielen 1980 in Moskau sowie 1984 in Los Angeles.

Wenn ich heute während einer Jagd oder auf dem Schießplatz über das Flintenschießen nachdenke, steht mir eines immer klar vor Augen: Der Weg zum guten Flintenschützen führt nicht über den Kopf. Er führt über den Bauch. Wer seine Flinte bloß als seelenloses Werkzeug oder einfaches Sportgerät betrachtet, wird langfristig kaum Erfolg und schon gar nicht Freude am Flintenschießen haben. Wer aber seine Flinte als Teil eines harmonischen, ganzheitlichen Bewegungsablaufes erkennt, dem wird vieles beinahe mühelos gelingen. Dazu fällt mir sofort jenes Erlebnis ein, das ich vor wenigen Jahren als Standnachbar meines Vaters bei einem Vorstehtreiben hatte:

Der Trieb war längst angeblasen, und mein Vater saß scheinbar unbeteiligt auf einem Sitzstock, ohne einen hoch anstreichenden Gockel zu bemerken. Ich machte mich fertig, um einen verzweifelten Weitschuss zu versuchen, nachdem ihn der Fasan ungesehen überflogen hatte. Dazu kam es aber nicht. Aus seinen Augenwinkel musste er so wie ich den Vogel beobachtet haben, und als dieser auf Schussdistanz herangekommen war, stand er ruhig auf, hob gleichzeitig den Schaft seelenruhig zur Wange, ein ruhiger Schwung, ein Schuss, und der Gockel klappte am Himmel zusammen. Alles geschah wie in Zeitlupe. Der Fasan war noch nicht einmal auf dem Boden gelandet, da war die Flinte bereits nachgeladen und mein Vater saß wieder auf dem Sitzstock, als wäre nichts passiert. Da war keine Hast, keine Hektik, keine überflüssige Bewegung – offenbar „alles zu seiner Zeit“ und wie in Zeitlupe. Mit einem Wort – Perfektion!

Eines ist klar: Zum wirklich guten Flintenschützen wächst man nur in jahrelanger Erfahrung, dafür gibt es keinen „Schnellsiedekurs“. Aber auf dem Weg dorthin gibt es ein paar wenige

und sehr einfache Grundregeln, die ich zum Inhalt dieses Buches gemacht habe. Ich hoffe, dass dieses Buch neben meinem Wissen aus jahrelanger Erfahrung noch etwas ganz anderes vermittelt. Etwas, das mich seit Jugendtagen bis heute fast täglich zur Flinte greifen lässt: Freude und Leidenschaft!

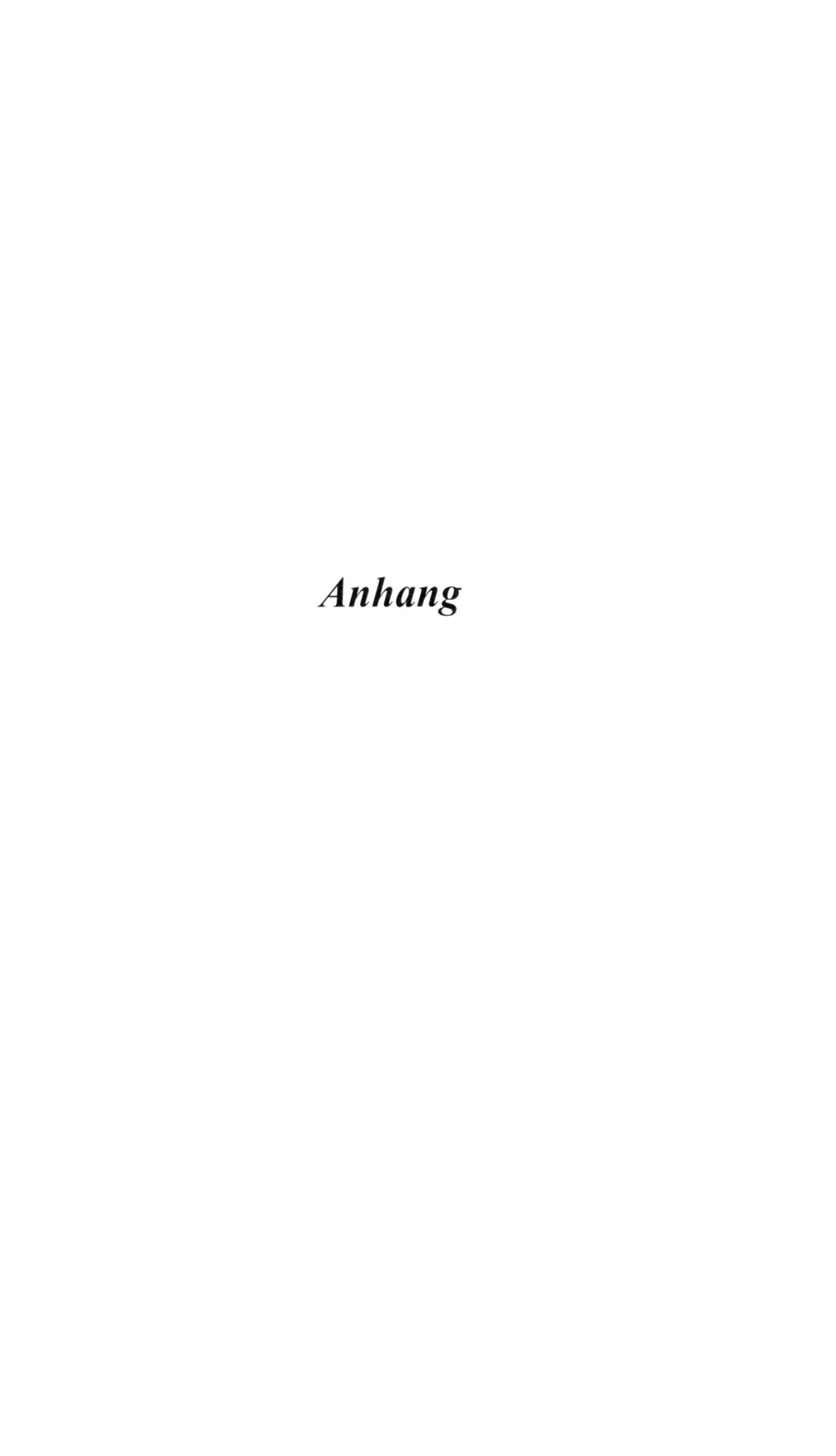

Anhang

Wörterbuch

Abzug/Einabzug: Beide Läufe werden nacheinander mit demselben Abzug abgefeuert. Das Umschalten auf den zweiten Lauf erfolgt oft durch den Rückstoß. Bei modernen Flinten kann mit einem Lauf-Selektor ausgewählt werden, welcher Lauf als erster abgefeuert wird; *vgl. Doppelabzug, Lauf-Selektor, Pufferpatrone.*

Abzugsbügel: Der den Abzug umgebende und schützende Halbring aus Blech, Stahl, Holz oder Horn.

Abzugsstange: Hebel, der die Bewegung des Züngels auf das Schlagstück überträgt.

Abzugswiderstand: Er muss zum Auslösen des Schusses überwunden werden.

Anschuss-Scheibe: Gekalkte Metallplatte oder Papierscheibe. Dient zur Feststellung der Treffpunktlage und gibt Anhaltspunkte zur Streuung und Gleichmäßigkeit der Garbe.

Anson & Deley: Die Firma, die das Boxlock-System im Jahre 1875 entworfen hat. Die meisten heutigen Boxlock-Systeme entsprechen noch der ursprünglichen Bauart; *vgl. Boxlock.*

Balance: „Gleichgewicht" des Gewehrs; ein Gewehr sollte eine „ausbalancierte" Schwerpunktlage haben.

Basküle: „Verschlusskasten" – jener Teil eines Kipplaufgewehres, der zur Aufnahme von Verschluss- und Schlossbestandteilen dient.

Bockflinte: Flinte, bei welcher das Laufpaar übereinander angeordnet ist. Heutzutage die gebräuchlichste Flinte für Sport und Jagd.

Boxlock: Die Mechanik ist im Inneren („boxed-in") und nicht auf den Seitenplatten montiert. Es können als Attrappe aber trotzdem Seitenplatten vorhanden sein. Die meisten Bockflinten verfügen über ein Boxlock-System; *vgl. Anson & Deley.*

Browning: J. M. Browning (1855 – 1926) war der bedeutendste US-Waffenkonstrukteur, er arbeitete für Winchester und FN. Die nach ihm benannte 1878 gegründete Firma gehört inzwischen zum belgischen FN-Konzern. Der erste Halbautomat der Firma (Browning Auto-5 Rückstoßlader) ist bis heute unverändert. FN/Browning entwickelte viele klassische Schrotflinten-Designs.

Brünieren: Chemisches Verfahren zur Oberflächenbehandlung von Metallteilen, einst durch Rosten bis zur Braunfärbung, heute auch in Blau und Schwarz.

Cosmi: Italienische Sonderkonstruktion. 8-Schuss-Kipplauf-Halbautomat.

Doppelabzug: Es gibt jeweils einen eigenen Abzug (Züngel) für jeden Lauf. Traditionellerweise haben ihn zumeist Flinten mit einem englischen Schaft. Der Wechsel vom vorderen zum hinteren Abzug fällt bei dieser Schaftform leichter, da die Hand am Schaft etwas zurückgleiten kann.

Doppeltrap: Wurfscheibendisziplin, seit dem Jahr 1996 olympisch. Wurfscheiben werden als Doubletten präsentiert.

Einläufige Flinte: Kann einschüssig (Kipplauf-Flinte) oder mehrschüssig (zumeist mit starrem Lauf – Ausnahme Sonderkonstruktion Cosmi) sein. In den USA sind einläufige Flinten stark verbreitet (Disziplin „American Trap"); *vgl. Halbautomat, Repetierflinte.*

Ejektor/Auswerfer: Teile des Mechanismus, der die abgefeuerten Hülsen mit Hilfe von Federn auswirft, welche beim Brechen/Öffnen der Flinte gespannt werden. Die Federn befinden sich normalerweise im Vorderschaft; *vgl. Extraktor.*

Englischer Schaft: Traditionelle Schaftform ohne Pistolengriff. Zu finden bei vielen klassischen Jagdflinten, wie etwa der Englischen Querflinte.

Extraktor/Auszieher: Hebt beim Öffnen der Flinte die Hülsen lediglich an, zur besseren Erreichbarkeit.

Fitasc: Internationale Disziplin im Jagdparcours-Sport. „Fitasc" ist die Abkürzung des Namens des Internationalen Verbandes (Fédération Internationale de Tir aux Armes Sportives de Chasse). International wird die Disziplin auch „Fitasc Sporting" genannt.

FN: Fabrique Nationale. Alte und renommierte Waffenfabrikation in Lüttich in Belgien. Seit einem Jahrhundert enge Zusammenarbeit mit Browning; *vgl. Browning.*

Garbe/Schrotgarbe: Bezeichnung für die Schrotladung, nachdem sie den Lauf verlassen hat. Die Garbe dehnt sich in dieser Phase immer mehr in alle Dimensionen aus. Die Streuung besteht somit aus Breite und Länge der Garbe. Diese kann einfach durch einen flach auf ein ruhiges und dafür vorgesehenes Gewässer abgegebenen Schuss überprüft werden. Die Länge der Garbe kann aufgrund der Zusammensetzung der Patrone, der Laufbeschaffenheit und des Chokes stark variieren.

Gravur: Kunstvolle Verzierung der Metallteile einer Flinte, zumeist hauptsächlich auf dem Systemkasten. Bei Standardflinten oft maschinell oder gestanzt, bei hochwertigen Flinten Handgravur.

Hahn: Der Teil des Mechanismus, der auf den Schlagbolzen schlägt. Bei modernen Flinten innenliegend. Ursprünglich außen liegend (Hahnflinte).

Halbautomat: Einläufige, mehrschüssige Flinte mit Röhrenmagazin. Entweder Gasdrucklader (heute stärker verbreitet – ein Ventil im Lauf zweigt Gasdruck für den Repetiervorgang ab) oder Rückstoßlader (Original Browning Auto-5 System). Lässt man den Abzug nach dem Schuss nicht los, kann man nicht weiterschießen. Der Abzug muss erst seine Ruhestellung erreichen, damit erneut ein Schuss ausgelöst werden kann. Das Magazin ist für 4 Patronen konzipiert. Den meisten Jagdgesetzen entsprechend wird heute das Magazin auf eine Kapazität von zwei Patronen verkleinert (mit einem Einsatz).

Hilfskorn: Zusätzliches kleines Laufkorn in der Mitte der Laufschiene. Es dient zur Kontrolle des Anschlages.

Jagdanschlag: Anschlag, bei dem der Schaft bis zum Erscheinen des Zieles in Höhe des Beckenkammes bleibt; *vgl. Sportanschlag.*

Jagdanschlag.

Der Schaft bleibt bis zum Erscheinen des Zieles in Höhe des Beckenkammes.

Jagdparcours: Zusammenfassung verschiedener Wurfscheibendisziplinen, die jagdlichen Situationen nachempfunden sind. Dabei werden verschiedene Ziele verwendet. Die Auswahl der einzelnen Disziplinen ist geographisch unterschiedlich.

Kaliber: Innendurchmesser des Laufes. Die Zahl errechnet sich aus dem Durchmesser von 12, 16, 20, 28 usw. gleich großen Bleikugeln mit einem Gesamtgewicht von einem Englischen Pfund. Es gibt auch noch einige wenig gebräuchliche Kaliber in Zwischengrößen.

Ladung: Schrotgewicht bzw. Pulvermenge. Für unterschiedliche Disziplinen/Situationen/Jagdziele werden entsprechend angepasste Ladungen verwendet. Hohes Schrotgewicht und damit hoher Gasdruck erzeugen nicht unbedingt eine qualitativ bessere Garbe; *vgl. Rückstoß*.

Lager: Der Teil des Laufes, der für die Aufnahme der Patronenhülse vorgesehen ist. Das Ende des Lagers bildet ein konischer Übergang zum eigentlichen Lauf. Patronen werden meistens mit Kaliber und Hülsenlänge in Millimeter angegeben (z. B. 12/70). Auf dem Flintenlauf ist die Länge des Lagers angegeben. Hülsen dürfen kürzer, aber niemals länger als das Lager sein. So dürfen etwa nie Patronen im Kaliber 12/70 in einen Lauf mit einer Lagerlänge von nur 65 Millimeter geladen werden, auch wenn sie in dieses Lager „passen". Sie „passen" nämlich nur in unausgeschossenem Zustand! – Viele traditionelle englische Flinten haben sogenannte „kurze Lager" (65 Millimeter).

Lauf/Flintenlauf: Stahlrohr, bestehend aus Patronenlager, Lauf und Mündung mit vorgelagertem Choke bzw. Würgebohrung.

Laufkorn: Stecknadel- bis zündholzkopfgroßes Kügelchen, meist aus Metall oder Kunststoff, das mündungsseitig auf der Laufschiene sitzt. Heute auch oft in Form eines Leuchtkorns.

Laufschiene: Auf bzw. zwischen den Läufen gelöteter Metallstreifen. Oberfläche meist mit feinen Rillen versehen, um Lichtreflexe zu verhindern; *vgl. ventilierte Schiene*.

Lauf-Selektor: Schalter, der bei Flinten mit nur einem Abzug die Auswahl des zuerst abzufeuernden Laufes ermöglicht. Oft mit der Sicherung kombiniert.

Lebendtaubenschießen: Sportlicher Wettkampf bzw. Schießdisziplin auf lebende Tauben. Früher in Südeuropa stark verbreitet (Italien, Spanien, Monte Carlo), heute noch in Südamerika anzutreffen. Zum Teil verbunden mit großen Wetteinsätzen.

Leuchtkorn: Grelles, auffallendes Laufkorn, das auf der Mündung sitzt. Da es oftmals die Aufmerksamkeit vom Ziel abzieht, ist es für das Flintenschießen nicht ideal.

Maßschaft: Nach individuellen Maßen des Schützen handgefertigter Schaft. Oft auch aus ausgesuchtem Wurzelholz.

Mobil-Choke: Wechselbare Einsätze mit unterschiedlichen Verengungsgraden, die den Durchmesser einer Schrotgarbe verändern können; *vgl. Würgebohrung/Choke.*

Mono Block: Laufwurzel, aus einem Stück gefräst. Die Läufe werden in vorgebohrte Öffnungen eingelötet.

Monte Carlo Schaft: Spezielle Schaftform mit Schaftoberkante parallel zur Laufachse bzw. Laufschiene. Ursprünglich für das Lebendtaubenschießen (in Monte Carlo) entwickelt. Das Auge bleibt unabhängig von der Positionierung entlang des Schaftes in der gleichen Relation zur Laufschiene. Schaftabschluss ist etwas (1 bis 3 Zentimeter) nach unten gerückt.

Oberhebel: Hebel auf der Oberseite der Flinte zum Öffnen des Systems.

Olympische Disziplinen: Die Disziplinen „Olympisch Trap" und „Olympisch Skeet" sowie „Doppeltrap" werden seit 1993 jeweils für Damen und Herren getrennt gewertet. Davor gab es lediglich eine gemischte Klasse für Olympisch Trap und Olympisch Skeet.

Patrone/Schrotpatrone: Eine Schrotpatrone besteht äußerlich aus dem Hülsenboden mit Zündhütchen und der Hülse, heute zumeist aus Kunststoff. Der Innenaufbau besteht aus der Pulverladung, dem Pfropfen als sogenanntes „Zwischenmittel" und der Schrotladung.

Pfropfen: Er wird auch „Zwischenmittel" genannt. Ursprünglich wurde dafür Filz oder Karton bzw. Papier verwendet; heute ist er zumeist aus Kunststoff. Der Pfropfen trennt Pulver vom Schrot. Er dient teilweise auch als Kolben bzw. Stoßdämpfer. Fast alle modernen Schrotpatronen für Jagd und Sport haben heute einen sogenannten „Becherpfropfen", der die Schrotladung unten und seitlich umschließt. Dadurch wird auch eine Berührung der Bleikügelchen mit dem Lauf verhindert. Die Schrote sollen dank des Becherpfropfens weniger verformt werden und die Garbe gleichförmig bleiben. Ein Becherpfropfen verringert auf kurze und mittlere Entfernung die Streuung.

Pistolengriff: Schaftform, bei der für die Abzugshand an der Unterseite ein vorgewölbtes Griffstück vorgesehen ist.

Pitch: Bezeichnet den Winkel des Schaftabschlusses zur Laufachse. Erkennbar durch das Aufstellen der Flinte auf dem Boden.

Pufferpatrone: Patronen-Attrappe, die anstatt eines Zündhütchens einen federgelagerten Widerstand hat. Wird zum Abschlagen der Flinte verwendet, um nicht durch leeres Betätigen des Abzuges den Schlagbolzen zu beschädigen. Außerdem Trainingshilfsmittel zur Schuss-Simulation.

Querflinte: Das Laufpaar ist nebeneinander angeordnet. Traditionellerweise – im Gegensatz zur Bockflinte – auch als „Flinte“ oder „Zwillingsflinte“ bezeichnet.

Repetierflinte: Mehrschüssige, einläufige Flinte mit Röhrenmagazin. Der Repetiervorgang erfolgt durch Zurück- und Vorbewegen („Pumpen“) des Vorderschaftes. Andere gängige Bezeichnungen: „Vorderschaftrepetierflinte“, „Pump-Action“, „Pump-Gun“. – In Österreich verbotene Waffe.

Röhrenmagazin: Die Patronen werden hintereinander in eine Röhre gedrückt, die parallel zum Lauf auf der Laufunterseite montiert ist.

Rückstoß: Die durch die Beschleunigung der Schrotladung entstehende Reaktionskraft. Die von W. W. Greener aufgestellte Faustregel besagt, dass eine Flinte ein Gewicht von zumindest dem 96fachen der Schrotladung haben sollte, um einen zu starken Rückstoß zu vermeiden. Eine Verringerung des Rückstoßes erfolgt daher im Wechselspiel zwischen der Ladung und dem Flintengewicht: durch geringere Ladung, durch höheres Gewicht der Flinte bzw. durch Dämpfung mittels verschiedener Schaftkappen. Neuerdings auch durch im Schaft eingebaute Schwungmassen.

Schaft: Er besteht normalerweise aus Holz und setzt am System an. Er hat die Aufgabe, den Lauf in ein bestimmtes Verhältnis zum Auge zu bringen bzw. den Rückstoß durch Lagerung an der Schulter abzufangen.

Schaftabschluss: Jener Teil des Schaftes, an dem die Schulter zu liegen kommt. Er ist oftmals zur besseren Haftung mit Rillen und Ritzen versehen. Heute werden Schäfte oft mit einer Schaftkappe versehen.

Schaftkappe: Schaftabschluss aus Kunststoff oder Gummi, dient auch zur Abfederung des Rückstoßes.

Schlagbolzen: Ein Metallstift, der auf das Zündhütchen geschlagen wird. Er wird durch eine Feder zurückbewegt, um beim Öffnen der Flinte nicht beschädigt zu werden; *vgl. Pufferpatrone.*

Schloss: Sammelbegriff für die beweglichen Teile des Systems; *vgl. System.*

Schränkung: Seitliche Abweichung des Schaftes. Kann von der Mündung aus entlang des Laufes überprüft werden. Soll dem Kopf und damit dem Auge die Möglichkeit bieten, in Linie mit der Laufachse zu kommen. Oftmals auf Höhe des Auges zu wenig und dafür am Schaftabschluss zu viel ausgeprägt. Moderne Standardschäfte sind meistens gerade; *vgl. Maßschaft.*

Schrotgröße: Sie bezeichnet den Durchmesser einer Schrotkugel in Millimeter; *vgl. Tabelle im Anhang, S. 154/155!*

Schrotladung/Schrotgewicht: Traditionelle englische Jagdpatronen haben 28 Gramm Schrotgewicht (eine Unze) und Schrotgröße 6 (2,6 Millimeter). Für jagdliche Zwecke ist hierzulande für Kaliber 12 eine Ladung von 32 Gramm und Schrotgröße 5 (2,9 bis 3 Millimeter Schrotdurchmesser) ein guter Kompromiss. Für die olympischen Wurfscheibendisziplinen ist das Schrotgewicht mit maximal 24 Gramm beschränkt. Für die jagdlichen Disziplinen gibt es diesbezüglich keine Vorschriften; *vgl. Rückstoß.*

Seitenschloss: Mechanik, die an den Seitenplatten der Flinte angebracht ist. Seitenschlosse sind ein traditionelles System der Querflinte, können aber auch bei der Bockflinte zu finden sein. Die Seitenplatten sind außen oft mit Gravur versehen. Ein Seitenschloss-System besteht aus mehr beweglichen Teilen als ein Boxlock und erfordert daher eine teurere, weil aufwändigere Konstruktion; *vgl. Boxlock.*

Senkung: Der Abstand zwischen der Schaftoberkante und der nach hinten verlängerten Laufschiene. Zur Überprüfung/zum Vergleich wird die Flinte mit der Laufschiene auf einen Tisch gelegt und nun der Abstand zwischen dem Tisch und der Schaftoberkante gemessen/verglichen. Die Senkung entscheidet über den Hochschuss der Flinte; *vgl. Monte Carlo Schaft.*

Sicherung: Ein Schalter oder Schieber, der auf den Abzug wirkt. Bei einläufigen mehrschüssigen Flinten wirkt die „Sicherung“ oftmals direkt auf den Abzug und bietet daher keine wirkliche Sicherheit, da der eigentliche Mechanismus nicht blockiert wird. Die Lage der „Sicherung“ ist zumeist auf der Oberseite der Flinte, um die Betätigung mit dem Daumen der Abzugshand zu erleichtern. Die „Sicherung“ erfolgt entweder automatisch (Flinte sichert bei jedem Öffnen), oder sie ist manuell zu betätigen.

Skeet: Wurfscheibendisziplin, seit 1968 olympisch. Regional vereinfachte Abwandlungen: American Skeet, Englisch Skeet, Jagdlich Skeet; *vgl. auch den Anhang-Teil „Wurfscheiben-Schießdisziplinen“, S. 151-153.*

Sportanschlag: Die Flinte kann – anders als beim *Jagdanschlag* – bereits vor dem Auftauchen des Zieles angeschlagen werden.

Sporting: Englischer und amerikanischer Begriff für Jagdparcours. Oft gleichbedeutend mit English Sporting, einer in England und den USA stark verbreitete Disziplin.

Standardschaft: Schaft einer Flinte aus Massenproduktion. Als Grundlage für die Fertigungsmaße dienen langjährige Durchschnitts- und Erfahrungswerte.

Streuung/Deckung: Zweidimensionale Darstellung der eigentlich dreidimensionalen Schrotgarbe. Wird auf einer Anschuss-Scheibe überprüft. Gibt einen Anhaltspunkt über die Verteilung der Schrote und den Durchmesser der Garbe, der hauptsächlich durch den Choke bestimmt wird; *vgl. Anschuss-Scheibe.*

System: Der Mittelteil der Flinte; Verbindung zwischen Schaft und Lauf. Beinhaltet das Schloss; *vgl. Boxlock, Gravur, Schloss, Seitenschloss.*

„System" – der Mittelteil der Flinte,
die Verbindung zwischen Schaft und Lauf.

Trap: Älteste Wurfscheiben-Disziplin, seit 1900 olympisch. International auch „Fosse Olympique" (FO) genannt. Ein Olympischer Trapstand besteht aus 15 Wurfmaschinen. Vereinfachung: „Fosse Universelle" (FU) mit 5 Wurfmaschinen. Regional verschiedenste, vereinfachte Abwandlungen (mit nur einer Wurfmaschine): American Trap, „Down-the-line" (in Großbritannien), Jagdlich Trap; *vgl. auch den Anhang-Teil „Wurfscheiben-Schießdisziplinen", S. 151-153.*

Treffpunktlage: Positionierung der Garbe im Verhältnis zum Lauf. Ein passender Flintenschaft erzeugt etwas Hochschuss, indem er das Auge über der Laufachse positioniert.

Ventilierte Schiene: In „Brückenform“ aufgelötete Laufschiene, die zur besseren Belüftung und zur Reduzierung der Luftspiegelung dient.

Verschluss: Bildet den hinteren Laufabschluss. Bei Kipplaufwaffen unterscheidet man nach Art der Laufhakenverriegelung. Greener-Verschlüsse besitzen zusätzlich einen Querriegel an der Laufschiene. Kersten-Verschlüsse verfügen über zwei seitliche Laufverlängerungen, die in der Basküle verriegeln. Beim Purdey-System greift eine zwischen den Läufen angebrachte Nase in eine Aussparung auf dem Stoßboden. Der Flanken-Verschluss besitzt keine Laufhaken und fixiert über Zapfen, die in Ausnehmungen an den Läufen einrasten.

Vorderschaft: Meist ein Stück Holz, das vor dem System und unter bzw. teilweise auch um die Läufe angebracht ist. Wird zum Zerlegen einer Quer- oder Bockflinte abgenommen bzw. verschoben (FN). Bei einläufigen, mehrschüssigen Flinten befindet sich unter dem Vorderschaft das Röhrenmagazin.

Vorhalten/Vorschwingen: Der wesentliche Unterschied zwischen dem „Vorhalten“ und dem „Vorschwingen“ beim Schuss mit der Flinte ist die Mündungsbewegung in Bezug auf die Bewegung des Zieles. Beim Vorhalten versucht man, die Mündung mit der gleichen Geschwindigkeit wie der des Zieles vor dem Ziel zu bewegen. Beim Vorschwingen bewegt sich die Mündung etwas schneller als das Ziel und endet weiter vor dem Ziel als beim Vorhalten.

Beim *Vorhalten* versucht man ein vorher eingeschätztes, objektives „Vorhaltemaß“ anzuwenden. Objektiver Vorhalt und subjektiver Eindruck dessen sollten hierbei eigentlich stets übereinstimmen, da bei präziser Ausführung sich vor, während, und nach dem Schuss nichts am Verhältnis zwischen Lauf und Ziel ändern sollte. Dies gelingt aber in der Regel nicht, da man das Augenmerk zwischen Lauf und Ziel teilen muss. Das „Stehenbleiben“ ist vorprogrammiert. Als Folge dessen entstehen Treffer mit dem subjektiven Eindruck, sehr viel mehr vorgehalten zu haben, als objektiv eigentlich notwendig sein sollte. Der Grund ist klar: Die Flinte hat sich langsamer als das Ziel bewegt. Die Zeitspanne zwischen Abzugsbefehl (subjektiv) und dem Moment, wenn die Garbe effektiv den Lauf verlässt (objektiv), hat das Ziel letztlich näher an den (stehenden) Lauf herankommen lassen.

Beim *Vorschwingen* demgegenüber verkürzt sich der subjektive Eindruck des Vorhalts gegenüber dem eigentlich objektiv notwendigen. Ursache ist wiederum die gleiche Zeitspanne, während welcher der Lauf nun sich sukzessive vom Ziel entfernt. Daher kann bei dieser Technik der Abzug subjektiv vor Erreichen des objektiv eigentlich notwendigen „Vorhaltes" betätigt werden. Bis die Garbe schließlich den Lauf verlässt, ist er dort, wo er objektiv „vorgehalten" hätte werden müssen. Man hat aber den großen Vorteil, noch näher am Ziel zu sein, und hat dadurch einen besseren Kontakt und bessere Kontrolle, ohne aber den Lauf ansehen zu müssen. Der Lauf schwingt als „Schatten" unangesehen vom Ziel weg nach vorne, und sobald ein entsprechender Abstand sich „öffnet", kommt der Abzug.

Wenn man nun davon ausgeht, dass das Stehenbleiben beim Flintenschießen die häufigste Ursache für Fehlschüsse ist, so leuchtet es ein, dass dieses beim Vorschwingen weniger leicht passiert als beim – statischen – Vorhalten. *(Vgl. dazu auch den Abschnitt „Vorschwingen ist besser als Vorhalten!", Seite 56)*

Wechsel-Choke: *vgl. Mobil-Choke*

Wurfscheibe: Genormte Standardwurfscheibe (Durchmesser 12 Zentimeter) für die olympischen Disziplinen. Für den Jagdparcours werden zusätzlich Mini- (6 Zentimeter), Midi- (9 Zentimeter) und Segeltauben sowie Rollhasen verwendet.

Würgebohrung/Choke: Eine Verengung am Laufende der Flinte (Mündung), die ein längeres Zusammenbleiben der Schrotgarbe im Vergleich zum Schuss aus einem zylindrischen Lauf bewirkt. Die Verengungsgrade werden mit „Improved Cylinder", „¼-Choke", „½-Choke" *(amerikanisch: „modified")*, „¾-Choke" *(amerikanisch: „improved modified")*, „Full Choke" bezeichnet.

Genaue Millimeterangaben für die einzelnen Würgebohrungen:

„Full-Choke" = Verengung von 0,75 bis 1 Millimeter;
¾-Choke = Verengung von 0,55 bis 0,875 Millimeter;
½-Choke = Verengung von 0,38 bis 0,5 Millimeter;
¼-Choke = Verengung von 0,25 Millimeter.

Die Erfahrung zeigt, dass die Garbendichte und -qualität sich nicht unbedingt proportional zum Verengungsgrad oder der Form der Verengung verhält; *vgl. Mobil-Choke, Streuung.*

Züngel: Traditioneller Ausdruck für Abzug.

Wurfscheiben-Schießdisziplinen

Das Wurfscheibenschießen hat sich Ende des 19. Jahrhunderts aus dem „Lebendtaubenschießen“ heraus entwickelt. Heute ist es eine weltweit stark verbreitete Sportart.

Wurfscheibenschießen ist gleichzeitig eine der ältesten Sportarten der modernen Olympischen Spiele. Trapschießen ist seit Paris 1900 olympisch, Skeet seit Mexico 1968. Nach dem Sieg einer Dame im Skeetschießen in Barcelona im Jahr 1992 – Trap und Skeet waren bis dahin abgesehen vom Reiten die einzigen offen für Damen und Herren ausgeschriebenen Sportarten – wurde für Atlanta 1996 die Disziplin „Doppeltrap“ mit einer getrennten Wertung für Damen und Herren neu eingeführt, während Trap und Skeet seither alleine den Herren vorbehalten sind.

TRAP

Allen Trap-Disziplinen ist gemeinsam, dass der Schütze abstreichende Ziele beschießt, die vor ihm aus einem sogenannten „Bunker“ geworfen werden.

In Österreich werden alle Trap-Disziplinen auch als „jagdliche“ Disziplin geschossen, wobei die Entfernung zur Bunkerkante 10 Meter beträgt und der „Jagdanschlag“ vorgeschrieben ist, das heißt, dass der Schaft bis zum Erscheinen des Zieles in Höhe des Beckenkammes bleibt.

FO / Fosse Olympique / Olympisch Trap: Die Anlage besteht aus einem Bunker, der mit 15 Wurfmaschinen bestückt ist. 5 Schützenstände befinden sich 15 Meter hinter der Bunkerkante. Die Wurfscheiben werden nach international vereinbarten Schemata eingestellt (Wurfweite 70 bis 75 Meter; Höhe nach 10 Meter Flug 1,5 bis 3,5 Meter; maximaler Seitenwinkel 45 Grad). Die Teilnehmer – aufgeteilt in Rotten von bis zu 6 Schützen – schießen der Reihe nach abwechselnd Scheibe für Scheibe. Eine Serie besteht aus 25 Wurfscheiben, wobei jeder Schütze von jeder der fünf Schusspositionen jeweils ein gerades, zwei Ziele nach links und zwei Ziele nach rechts beschießt. Die Flinte kann bereits angeschlagen werden, es dürfen zwei Schüsse abgefeuert werden. Der Ruf des Schützen löst – über ein Mikrophon mit Verbindung zum Selektions-Automaten – die Maschine aus.

Olympisch Doppeltrap: Auf derselben Anlage werden lediglich die drei Wurfmaschinen in der Mitte des Bunkers verwendet. Die Wurfscheiben werden als Simultan-Doubletten abwechselnd geradeaus und 5 Grad links oder 5 Grad rechts geworfen. Damen absolvieren Serien zu 20, die Herren Serien zu 25 Doubletten.

FU / Fosse Universelle: Eine Variation von FO, wobei nur 5 Wurfmaschinen verwendet werden. Die Wurf-Reihenfolge ist wie bei FO vorausbestimmt, dem Schützen jedoch unbekannt.

FA / Fosse Automatique / Automaten-Trap / American Trap: Im Bunker befindet sich ein Wurfautomat, der selbsttätig die Wurfrichtung horizontal (bis 45 Grad von der Mitte) und vertikal verändert. Beim American Trap (die populärste Wurfscheibendisziplin der Welt) verändert der Wurfautomat die Wurfrichtung lediglich horizontal (maximal 22 Grad von der Mitte), und die Wurfweite beträgt 50 Yards (45 Meter).

SKEET

Die Skeet-Anlage ist weltweit genormt, Unterschiede zwischen den einzelnen Disziplinen gibt es lediglich bezüglich der Wurfweite der Wurfscheiben bzw. der Zusammensetzung der Serie aus Einzelzielen und Doubletten.

Olympisch Skeet: Eine Serie umfasst 25 Ziele, die von insgesamt 8 Ständen als 11 Einzelziele und 7 Doubletten beschossen werden. Die Wurfweite der Ziele beträgt 65 Meter. Ausgangsposition des Schützen ist der „Jagdanschlag". Ein „Timer" verzögert die Auslösung der Maschine um bis zu drei Sekunden nach dem Kommando des Schützen. Bei Erscheinen des Zieles darf die Flinte angeschlagen werden, und pro Ziel darf ein Schuss abgefeuert werden.

Jagdlich Skeet: Eine Serie besteht aus 25 Zielen, die von 7 Ständen als 17 Einzelziele und 4 Doubletten beschossen werden. Bei den Einzelzielen können zwei Patronen verfeuert werden. Ansonst wie Olympisch Skeet. Beim American Skeet kann die Flinte angeschlagen werden, pro Ziel ist ein Schuss erlaubt, die Ziele haben jedoch nur eine Wurfweite von 60 Yards (55 Meter).

JAGDPARCOURS

Jagdparcours ist eine vergleichsweise junge Schießdisziplin mit weltweit starkem Zulauf. Aus dem ursprünglichen Anspruch, mannigfaltige jagdliche Schrotschuss-Situationen zu präsentieren, wurde ein mit großem Ernst betriebener Wettkampfsport.

Es werden verschiedenste Ziele, wie Standard-, Midi-, Mini- und Segeltauben sowie Rollhasen als Einzelziele oder Doubletten – simultan und nachfolgend – beschossen. Der Phantasie des Parcoursbauers ist keine Grenze gesetzt.

Der Schütze ruft das jeweilige Ziel im Jagdanschlag ab und darf erst bei Erscheinen des Zieles anschlagen. Es sind zwei Schüsse pro Einzelziel zulässig.

In Österreich wird hauptsächlich Fitasc Sporting geschossen, English Sporting ist jedoch international die am meisten verbreitete Disziplin.

English Sporting: Eine Anlage besteht aus 10 bis 14 Stationen. Bei jeder Station wird eine bestimmte Abfolge von Einzelzielen und Doubletten beschossen. Viele Bewerbe werden als Doublettenbewerbe aufgebaut, wobei von jeder Station 5 identische Doubletten zu beschießen sind. Jeder Schütze kann individuell den Parcours absolvieren, wobei eine Runde aus insgesamt 50 oder 100 Zielen besteht.

Fitasc Sporting: Die aufwändigste und anspruchsvollste Sporting-Disziplin. Ein Wettkampf besteht aus 200 Zielen, die in 8 Serien zu 25 auf 8 verschiedenen Parcours absolviert werden. Auf jedem Parcours werden 5 bis 7 Wurfmaschinen verwendet. Aus dem Teilnehmerfeld werden Rotten zu je 6 Schützen ausgelost, die – einer nach dem anderen – auf jeder Station nach einem vorgegebenen Menü zuerst Einzel-, dann Doublettenziele beschießen.

Compact Sporting / Five Stand Sporting: Als Anlage dient ein Skeet-Stand. Zusätzlich zu den beiden Skeetmaschinen werden 3 bis 6 Wurfmaschinen verwendet. Die Schützen stehen in 4 bis 5 Schützenständen, die in einer Reihe aufgestellt sind, und beschießen der Reihe nach abwechselnd die auf einem Menü vorgegebenen Einzel- und Doublettenziele.

SIMULATED GAMESHOOTING

Hierbei handelt es sich um die Simulation von getriebenem Flugwild mit der Hilfe von Wurfscheiben. 3 bis 5 Schützen stehen wie bei einem Vorstehtreiben nebeneinander in einer Reihe (mit etwa 10 bis 20 Meter Abstand voneinander). Sie schießen simultan auf Ziele, die ihnen aus zumeist auf einer Geländestufe höher unsichtbar positionierten Wurfmaschinen entgegengeworfen werden. Es werden mehrere Maschinen zugleich verwendet. Das „Vorstehtreiben“ wird aus Einzel- und Mehrfachzielen (Buketts) „komponiert“.

Schrotgrößen

Englische Bezeichnung	Amerikanische Bezeichnung	Kontinentale Bezeichnung	Durchmesser in Zoll	Durchmesser in Millimeter	Schrotkugeln (ungefähre Anzahl)*
LG	000 buck (Western 2)	12/0	0.36	9.14	6
MG			0.3465	8.80	7
SG	00 buck (Western 3) (manchmal: 0.34")	11/0	0.33	8.4	8
	0 buck (Western 4)		0.32	8.128	
		10/0	0.31	7.874	9
Special SG	1 buck (Western 5)		0.2981	7.572	11
		9/0	0.290	7.366	12
SSG	2 buck (Western 7½)	8/0	0.2687	6.825	15
	3 buck (Western 9)		0.25	6.35	
SSSG			0.2443	6.205	20
	4 buck	7/0	0.24	6.096	20
SSSG			0.2267	5.79	25
	F	6/0	0.22	5.588	27
SSSSSG oder AAAA			0.2133	5.418	30
AAA			0.2026	5.146	35
	T	5/0	0.20	5.08	40
AA			0.1937	4.92	40
	BBB		0.19	4.826	
A	BB	4/0	0.18	4.572	50
	B	3/0	0.17	4.318	60
BBB			0.1693	4.3	60
BB			0.1608	4.084	70
	1	2/0	0.16	4.064	72

* (Variationen aufgrund unterschiedlicher Quellen)

B			0.1537	3.904	80
	2	0	0.15	3.81	87/88
		1	0.145	3.683	95
1			0.1428	3.627	100
	3		0.14	3.556	107
		2	0.137	3.48	114
2			0.1344	3.414	120
	4	3	0.13	3.302	134/135
3			0.1276	3.241	140
		4	0.122	3.1	170
4	5		0.12	3.038	170
		5	0.114	2.9	199
4½			0.1133	2.878	200
5	6		0.11	2.789	220
5½		6	0.1067	2.710	240
6			0.1023	2.598	270
	7		0.1	2.54	295
6½		7	0.0990	2.5146	300
7	7½	7½	0.0950	2.413	340/345
7½			0.090	2.286	400
	8	8	0.09	2.286	404/410
8			0.0865	2.197	450
		9	0.082	2.083	515
	9		0.08	2.032	577
9			0.0795	2.0193	580
		10	0.075	1.905	641
10	10		0.0700	1.778	850
		11	0.066	1.676	883
		12	0.059	1.5	1490
		13	0.051	1.295	1794

Stahlschrot

NIEDERÖSTERREICHISCHER LANDESJAGDVERBAND

Merkblatt Stahlschrot- und Alternativschrotpatronen

Zentralstelle Österreichische Landesjagdverbände

Was sind Stahlschrot- und Alternativschrotpatronen?
In Stahlschrotpatronen wird als Ersatz für Blei der Werkstoff Weicheisen verwendet, in Alternativschrotpatronen sind das andere Werkstoffe. Es ist grundsätzlich zwischen Stahlschrot- und Alternativschrotpatronen mit normaler Ladung (z.B. „Steel Shot“) – je nach Kaliber bis 830 bar Gasdruck – und Hochleistungs-Stahlschrot- und Alternativschrotpatronen (z.B. „Steel Shot – High Performance“) – 1050 bar Gasdruck – zu unterscheiden.

Wann suche ich den Büchsenmacher oder das Beschussamt unter Mitnahme der Waffe auf?
Vor dem Verschießen von Stahlschrot- und Alternativschrotpatronen aus Flintenläufen mit unbekanntem Beschuss, aus Flintenläufen mit normalem Beschuss mit Dreiviertel- und Vollchoke oder aus Flinten mit unbekanntem Chokeverlauf.

Gibt es Sicherheitsregeln für die Verwendung von bleifreiem Schrot?

- Die Waffen müssen in einem sicherheitstechnisch einwandfreien Zustand sein.
- Waffen dürfen nur entsprechend ihrer Beschussprüfung verwendet werden (siehe Tabellen auf der Vorderseite).
- Die unterschiedlichen Verwendungsbereiche von Stahlschrotpatronen „Steel Shot“ und Hochleistungs-Stahlschrotpatronen „Steel Shot – High Performance“ sind strikt zu beachten.
- Die Abprallwinkel von Stahlschroten sind im Vergleich zu Bleischrot wesentlich größer! Achtung erhöhte Gellergefahr!
- Die weidgerechte Schussdistanz liegt bei 30 Meter.
- Bei technischen Fragen wenden Sie sich an den Büchsenmacher Ihres Vertrauens oder an das Beschussamt.

Gibt es Möglichkeiten, die Flinte für Stahlschrot und Alternativschrot zu verändern?
Der Büchsenmacher hat unter Umständen die Möglichkeit, die Läufe auf Halb-Choke „aufzuhohnen“ oder „aufzufräsen“. Diese Beratung kann nur ein Büchsenmacher oder das Beschussamt durchführen.

Was passiert, wenn kein Beschusszeichen zu finden ist?
Die Flinte darf dann – bis zum Beschuss durch ein Beschussamt – nicht weiter verwendet werden, da jede Schusswaffe einem Beschuss unterzogen werden muss.

1 Suchen Sie das Stahlschrot-Beschusszeichen „Lilie“ auf Ihrer Flinte! 1

„Lilie“ ist vorhanden:

JA! IHRE FLINTE HAT STAHLSCHROT-BESCHUSS!

2 Schauen Sie auf die „bleifreie“ Schrotpatrone!
Bleifreie Schrotpatronen werden unterteilt in „normale Ladung“ und „verstärkte Ladung“. Ab einem Gasdruck von 1.050 bar handelt es sich um Patronen mit verstärkter Ladung! Auf Kennzeichnung achten!

3a Stahlschrot- oder Alternativschrotpatrone mit normaler Ladung
Patrone ist nicht gekennzeichnet

3b Stahlschrot- oder Alternativschrotpatrone mit verstärkter Ladung
Gasdruck 1.050 bar (Kennzeichnung auf der Patrone)

Folgende Beschränkungen sind in beiden Fällen zu beachten:

Kaliber	Chokebohrung	Max. Größe der Stahlschrote oder Alternativschrote
12/70 und 12/76	max. Halbchoke (0,5 mm)	keine Einschränkung
12/70 und 12/76	3/4- und Vollchoke	4 mm
16/70 keine C.I.P.-Regelung	max. Halbchoke (0,5 mm)	keine Einschränkung
16/70 keine C.I.P.-Regelung	3/4- und Vollchoke	3,5 mm
20/70 und 20/76	max. Halbchoke (0,5 mm)	keine Einschränkung
20/70 und 20/76	3/4- und Vollchoke	3,25 mm

„Lilie“ fehlt:

NEIN! IHRE FLINTE HAT KEINEN STAHLSCHROT-BESCHUSS!

2 Schauen Sie auf die „bleifreie“ Schrotpatrone!
Bleifreie Schrotpatronen werden unterteilt in „normale Ladung“ und „verstärkte Ladung“. Ab einem Gasdruck von 1.050 bar handelt es sich um Patronen mit verstärkter Ladung! Auf Kennzeichnung achten!

3a Stahlschrot- oder Alternativschrotpatrone mit normaler Ladung
Patrone ist nicht gekennzeichnet

Maximale Größe der Stahl- oder Alternativschrote mit normaler Ladung:

Kaliber	Max. Größe der Stahlschrote oder Alternativschrote
12/70	3,25 mm
16/70	3,00 mm
20/70	3,00 mm

3b Stahlschrot- oder Alternativschrotpatrone mit verstärkter Ladung
Gasdruck 1.050 bar (Kennzeichnung auf der Patrone)

ACHTUNG! PATRONE IN DIESER FLINTE NICHT VERWENDEN!

4 Suchen Sie im Zweifelsfall mit Ihrer Flinte den Büchsenmacher oder das Beschussamt zur Beratung auf! 4